别说懂葡萄酒

芝士的搭配

J.S.A. 认证调酒师
C.P.A. 认证芝士专家

（日）小久保尊　著
（日）山田五郎　插图
王春梅　译

辽宁科学技术出版社
·沈阳·

篇首语

写给"小瞧了"芝士的您

我平时有时会喝葡萄酒，也不讨厌芝士。

所以我在外小酌的时候会点"芝士拼盘"，也会在超市或百货商店的芝士柜台驻足挑选。

但如果没有朋友聚会或者什么特别的庆典，我基本上不会挑选国外的芝士。

（平常吃惯了本国产的芝士，觉得已经不错了。）

即使心血来潮想吃点国外的芝士，也基本上不会选择从没吃过的品牌或品种。

（臭了、酸了、不合口味的，也是令人烦心的事情。）

真到了不得不选择国外芝士的时候，拿起成块的芝士包装也只能莫名叹息……完全预测不到是什么味道啊！

（我绞尽脑汁，脑海里也只浮现出卡曼贝尔芝士、古贡佐拉芝士而已……）

而且这么一大块的芝士拿在手里，根本想不明白标价到底是便宜，还是贵。

（如果买回家吃不了，可就浪费了。）

就连那些常年品鉴葡萄酒的葡萄酒爱好者，也有不少人与芝士保持着若即若离的关系。

这本书，就是为了这些人而写的。

从纯粹的漫画宅男到调酒师、再到渐渐喜欢上葡萄酒、最终踏足芝士专家领域的我，曾一度感觉所谓芝士不过是顽石一般普通的存在。而现在，则由衷信奉芝士是能让葡萄酒变成**"此酒本应天上有，人间哪得几回尝"**的"灵石"。所以这本书，就是以宅男视角介绍的芝士入门教程。内容浅显易懂，相信您读完以后也会有种"终于明白哪种芝士应该配哪种葡萄酒了"的感觉。

基本上来说，芝士和葡萄酒都是美味的东西。

以至于流传出"美之女神阿佛洛狄忒用芝士、葡萄酒和甜美的蜜糖孕育出宙斯的女儿雅典娜"这样的传说。

在法国，更是有"完整的人生需要有美味的面包、美味的芝士、美味的葡萄酒"这样的格言。

早在日本的德川时代，德川纲吉就已经领略到芝士和葡萄酒的完美搭配，**以至于无视生鲜类贡品，而让大臣进贡芝士。**

有人觉得"喝葡萄酒的时候有没有芝士都可以"，**认为芝士不过是"简单的下酒零食"。**没错吧?

我原本也对此深信不疑。

冷冻芝士、乳酪芝士、粉末芝士、焦烤芝士、烟熏芝士……我把芝士当作了"自然而然"的存在，非常不理解为什么会有人愿意高价购买这些芝士。

我要是需要选点芝士来下酒，无外乎选择芝士片或芝士鳕鱼罢了。

北欧芝士？那么时髦的东西，除了跟喜欢北欧的女孩子聊天时当作话题以外，还能用来干什么？

我以前就是这样的一个人。但忽然有一天，我在家对着一瓶白葡萄酒自斟自饮，愈发觉得嘴巴有点寂寞。于是想起前几天朋友送给自己的芝士，赶紧从冰箱里取了出来。

仔细看看，标签上写着"这款芝士适合搭配芳香型白葡萄酒"。

啥意思呢？一边想，一边切了一块放进嘴里。

那一瞬间，时间停止了。

周围的声音和眼前的一切仿佛都不存在了，那绝对是前所未有的人生体验。

大量"好吃"的感官信息奔涌而来，大脑的处理能力完全跟不上节奏，以至于一时间陷入失语的状况。

那感觉，好像嘴巴里在放烟花。

我的脑海中至今残留着当时那种独特的味道在嘴巴里升腾起来，随即释放出喧嚣与繁华的感受。

"呀"之后，只能发出"啊"的声音，有那么几分钟一直都是目瞪口呆的状态。

记得当时吃的是**孔泰（Conte）18 个月熟成**芝士。

从那以后，我开始迷上孔泰芝士，随后又渐渐涉猎了其他几款不同类型的芝士。在浑然不觉之间，已经深陷芝士的"泥沼"中不可自拔。

当我清醒过来时，已经手握芝士专家的称号。目前，**正在试图用熟成芝士来重新认识这个美味的世界，**不舍昼夜地宣传着"葡萄酒 + 芝士"的美好。

　　果真，芝士属于高级商品吗？

　　光临敝店的客人当中，很多人会说"虽然知道葡萄酒配芝士是上乘之选，但是没热衷到愿意花重金购买芝士的程度"。

　　我懂。

　　被称为芝士专家的我也会觉得芝士的价格浮动好大啊！

　　平时喝的啤酒，是三流品牌；穿的衣服，是大众品牌，玩儿的游戏，是 4~5 年前下载之后一直玩儿到现在的。

　　但即使如此，我也还是能理直气壮地断言"芝士也是一分钱一分货的！"

　　的确，芝士味道参差不齐。如果不亲自品尝，很难精准地挑选到符合葡萄酒香型的品种。虽然世上葡萄酒的种类多达数十种，但芝士的种类却不下几千种。相互匹配之后，会出现几亿个组合方式。

尽管如此，只要能掌握几种主要的芝士类型，就一定能根据手中葡萄酒的类型推断出大概的组合效果。

只要发掘出自己的"最爱"，必将获得"无价"的体验。

在特定场景中，葡萄酒的味道也好，芝士的味道也好，都会消失殆尽，只留下一种全新的"无以言表、千金不换"的味觉新体验。然后意识会飘升到"另一个世界"。

美味和快乐的感觉在脑内蓄积，让你沉留在当时的氛围中，不自觉地产生"我是世界上最幸福的人"的感受。对，在那一瞬间，你会对这一点深信不疑。

我所说的这些，绝非夸大其词。对于我来说，没有什么能比"葡萄酒+芝士"更容易获得快乐。

一旦体验到这种快乐，**你会觉得用这样的金额换取如**

此的快乐是种高性价比的选择。 至少我这么认为。

虽然说了这么多，但我也深知普通人并不会因为不懂得如何搭配葡萄酒和芝士而影响他们正常的生活。

但我为什么如此热切地期待您再多了解一些呢？

可能因为，**多知道一些，** 生活就会更丰富一些吧。

（想喝点爽口型白葡萄酒，来点下酒的吧！）

希望您在芝士柜台前，能毫不犹豫地选到合自己口味的芝士……

（拿到奖金以后，买瓶好一点的勃艮第葡萄酒，再配点什么一起喝呢？）

希望您在奖励自己的时候，能有更多的选择……

（早餐用帕尔玛干酪来夹面包，午餐用芝士粉来做意大利面，晚餐搭配葡萄酒。）

希望您轻松提升日常餐点的格调……

（还想再喝一杯葡萄酒，可以再给我来点罗奎福特芝士吗？）

希望您能在酒吧或餐厅里，言简意赅地说出自己的喜好……

（今天没吃什么东西，来点芝士充充饥吧！）

希望您能在饥肠辘辘的时候，便捷地摄取到充分的热量和营养。

了解一些芝士的食用方法，能在这些不期而遇的生活点滴里，感受到快乐、感受到便利、感受到喜悦。

请您一定要尝试走入芝士的世界。

这个小小的行动，一定能让您受益匪浅。请您和自己珍视的人一起享受这场味觉盛宴吧。

别说你懂葡萄酒
芝士的搭配

目录

目录

第1章 芝士的基础

第2章 各种芝士

目录

登场人物介绍

转学生

味觉和收入都平平无奇的工薪族。最近刚刚学会了品味红酒。

诺曼底卡曼贝尔

母性气息浓厚的小姐姐。她是诺曼底家族里独一无二的存在。

店员

葡萄酒专卖店的店主，兼任品酒学校的教师。为了扩大葡萄酒的影响力，正在积极开展普及芝士的活动。

米莫雷特

自来熟的天真少女。成熟以后会变得沉着冷静、充满和风气息。

帕尔玛干酪

意大利芝士的纪律班长，兼任女王。醇香的气息有点像菠萝干。

埃曼塔尔

虽然看起来漫不经心，但是微苦和甜蜜相结合的味道老少皆宜。

爱尔兰·波特

貌似高冷，实则低调。香气类似黑啤酒，味道优雅柔和。

至尊芝士

口头语是"太好啦！"超级元气少女。口感柔嫩润滑。

彭勒维克

大家公认的温柔性情，广受身边人的喜爱。适合初学者的洗浸型（Wash Type）芝士。

卡曼贝尔

初次见面就能让你放下戒心的小姐姐。入口即化，味道稳定，让人放心。

奶嘴芝士

拥有甘甜的乳香和弹力十足的口感，属于小性感类型，让男生意乱神迷。

蒙特利

穿金戴银的土豪男。果冻一样的质地，醇香浓厚，散发出淡淡木质香气。

圣莫尔

拥有拒绝妥协的武士性格。味道类似山羊芝士（Goat Cheese），属于硬派风格。

布拉

邻家妹妹的类型，是大家的团宠。

瓦郎塞

骄傲的领导者。表面覆盖着炭粉，头顶上的薄铁皮令人印象深刻。

菲达

自带高光，浑身上下散发出小仙女的气息。盐分含量高，是沙拉菜品的最佳搭档。

巴侬

容易害羞和认生。散发着轻微的栗子叶香气。

布拉塔

拥有超级润滑的口感，是热门商品马苏里拉的妹妹。

哥洛亭沙维翁乳酪

在意自己的身高，总是一副气鼓鼓的样子。口感蓬松细腻。

马苏里拉

常见的治愈系女生。口感清爽而润口，受到全世界的追捧。

水牛乳马苏里拉

理想中的那种和蔼可亲的小姐姐。口感清淡，但有浓厚的汤汁。

白芝士

性格单纯，天真无邪的男生。味道清爽，有恰到好处的酸味和香气。

圣苏歇尔

因为其他山羊芝士太有个性而充满疑惑的男子。具有优越的酸味、味道醇香。

哈罗米

几乎始终面无表情的迷之少女。耐热。独特的口感让人爱不释手。

埃德姆

心地善良的少女，戴着令人过目不忘的红色头巾。味道令人心旷神怡。

山谷拉克莱特

生于阿尔卑斯的开朗少女。由于其充满野性的香气和味道，成为众人宠爱的对象。

马背

永远骑在马背上，是一位天真烂漫的大家闺秀。味道醇正，口感独特。

红酒山羊乳

洒脱果敢的性格。散发着水果一般的红酒香和酸味。

僧侣头

沉默寡言的虔诚修道士。味道浓厚而质朴。需要用专用工具削成薄片以后食用。

蓝白毛毛

白霉菌和青霉菌的混血儿。乳香十足，味道适中，适合刚刚接触青霉芝士的人。

塔勒吉奥

貌似不良少年但实则纯良的反差萌男子。香气独特，口感顺滑。

杰克斯蓝纹

心地善良的大个子肌肉男。散发着一种坚果的香气，味道柔和。

杰拉德

高科技的产物，拥有不老不死之身。在超市经常可以看到他。

利瓦若

拥有强烈爱国主义精神的女军人。具有浓烈的香气，适合洗浸型芝士的行家品尝。

斯卡莫扎

酷似马背芝士的褐色女子。拥有温柔的熏香气和像鱿鱼一样的口感。

拉克莱特

对阿尔卑斯充满向往的都市少女。超级适合搭配水煮蔬菜，口感润滑。

马鲁瓦耶

口头禅是"在我们比利时啊……"是一位情商堪忧的男子。香气浓烈，品尝中段味道平和。

高达

为朋友两肋插刀的三好青年。味道醇正，在世界各地备受喜爱。

孔泰

硬质芝士中的顶级。浓厚的乳香与坚果气息，洋溢着绵绵不断的美味。

门斯特

有超能力的修道女。外皮香气浓烈，品尝中段乳香气十足，易于食用。

圣安德烈

仿佛生活在梦幻世界中的萌系女子。黄油一般的质地，令人心醉沉迷。

格拉纳·帕达诺

香气类似于发酵黄油，入口有颗粒感，味道香浓。

佩科里诺

地道的意大利高富帅。含盐量较高，常被用来当作调味料。

蒙特利杰克

与蒙特利和黑胡椒是好哥们儿。味道类似柔和的切达。

西部乡村农家切达

一个超级稀有的角色，对于切达等小弟弟们非常关照。味道优雅，入口即化。

格吕耶尔

孔泰的哥哥。虽然低调，但有一种让人安心的气质。

莫尔比耶

生活在孔泰阴影之下，视孔泰为竞争对手。黑色线条令人印象深刻，是充满优雅味道的男子。

芳提娜

是格吕耶尔和孔泰的亲戚。在气候寒冷的阿尔卑斯长大，身材魁梧。

里科塔

喜欢洗澡，可以浮在水面上。有柔和的甘甜和飘逸的乳香。

埃波瓦斯

妖娆艳丽的小姐姐。在芝士的世界中，具有顶级刺激性的香气。

切达

严谨认真的好学生。在芝士界是最平易近人的一个，产量位居世界第一。

杰托斯特

褐色皮肤的少女，有一小群狂热的粉丝。味道类似咸味枫糖。

莫城布里

在法国人气甚广，称得上是法国芝士之王，当中含有经过提炼的浓厚醇香。

曼彻格

甘甜味道类似羊乳，乳脂肪的味道浓厚。

莫伦布里

三兄弟当中的老二，性格最烈。味道强烈，类似棕色蘑菇。

卡伯瑞勒斯

生长在洞穴中的野孩子。同时拥有独特的乳香和青霉菌。

科罗米斯尔

三兄弟当中性格最好的一个。口感顺滑，年轻的时候酸味适中。

蓝杜宾

当高人气蓝纹芝士们打架的时候，充当裁判的角色。味道类似坚果，同时散发着青霉菌的味道。

圣内克泰尔

看起来衣衫褴褛，但其实出身历史悠久的名门世家。散发着霉菌、麦秆和蘑菇的香气。

蓝纹干酪

很好地调和了被称为"高贵的蓝色"的各种青霉菌。略有咸味。

丹麦蓝纹

虽然也曾经求证过自己的身世，但是现在已经释然了。有青霉菌的辣味和咸味。

古贡佐拉·多尔切（意大利蓝芝士）

要经常给暴走兄长拉架的妹妹多尔切。口感顺滑，易于食用。

乳油干酪

经常被大家教育说"做自己就好"的微胖少女。味道醇正，完全没有异味。

古贡佐拉·皮坎特

虽然性格暴烈，却是妹妹控的辣口干酪。适用于味道浓烈的菜肴。

罗奎福特

在洞穴中长大的农家少女。盐味明显，有独特的羊乳香气，入口即化。

斯特尔顿

来自英国，是一位玩世不恭的绅士。既有坚果香，又有青霉菌的味道，令人摸不着头脑。

查尔斯

平时安静沉稳，但偶尔也会露出凶相。拥有乳香顺滑的口感以及强烈的酸咸味道。

瓦伦卡

命运的宠儿，常遇到奇迹般的幸运。味道类似于浓厚的黄油味，盐味较重。

朗戈瑞斯

看起来心情不太好，但其实也并没有怎么样。拥有动人的丝滑霜质口感。

马斯卡彭

在提拉米苏界一战成名的甜美系女子。与水果搭配味道绝佳。

纽夏特

永远向周围播撒爱意的强势女子。外形可爱，咸味浓烈。

布里亚萨瓦兰

白富美，备受喜爱的完美女孩。甘甜口感宛如蛋糕一样。

众神的嬗变

有点异想天开，但总能让事情
向好的一面发展的幸运女子。
整个氛围浓厚而柔和。

农夫

不易胖体质，令人羡慕的纤细
男子。性格过于柔和，反而让
人无法忽视。

**别说你懂葡萄酒
之芝士**

序曲

啊！这周太忙了吧……

想去外面吃点东西，出来了怎么反倒觉得更麻烦了……

嗡

红酒 & 芝士

买瓶红葡萄酒喝吧！

哦

嗯

握紧

根据每次购物的心情选红葡萄酒，我是最厉害的人吧……

那么，今天选哪瓶呢？

今天，来一瓶淡雅的白葡萄酒怎么样？

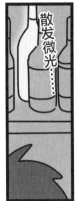

散发微光……

嗯？

看那边。

挺好，那个看起来也挑花眼了。

错……行啊！

看起来不

难道是非卖品？

装进篮子里

这是什么酒啊？

怎么出现了这么奇怪的一张脸啊？

031

然后是下酒菜。

啊！芝士！

芝士好贵啊。

不太懂怎么选，选错款式可就麻烦了！

还是这个吧！

再随便来点鱿鱼干就行啦！

客人！

早早回家

锵～

美味薯片

浓香口感

我们刚好在做芝士促销！

来尝尝看好不好吃。

可以吗？

您请

那我吃了

033

除此以外，难逃灭亡的命运……

虽然不知道究竟发生了什么，但是看起来好严重的样子……那么，为什么选中我？

因为你，选中了那瓶葡萄酒啊！

是这个吗？

么拎着！不要那

就是这个啊

传说中，这瓶酒身负重任，必须要平衡葡萄酒世界和芝士世界之间的力量！

选中了传说中的葡萄酒的那个人，只要根据正确的信息找到正确的芝士，就能拯救这个即将崩塌的世界……

在古代文献中确实有相关记载。

好像在哪里听到过这种事情。但我可一点不懂芝士啊，要不就转让给别人吧……

第1章

芝士的基础

美味之处

从佐餐芝士开始，选择芝士和美酒的完美搭配。

芝士也算得上一种奢侈品。

所以我认为，芝士配酒以后到底是"美酒佳肴"还是"一言难尽"，在很大程度上取决于个人的喜好。

但是，我们完全能够给"是否匹配成功"下个定义——"彼此之间没有冲突的组合"。

当芝士和葡萄酒在嘴里碰撞时，既不酸，也不咸，更没有乳腥味，这种所谓"异味消失"的组合，就是成功的搭配。

无论您对自己的味觉多没信心，也一定可以感受出"两者之间的味道合为一体"。如果这样，您完全可以自信地说出"很合适啊！"

但是，就算您品了第一口后感到"味道有冲突"，也并不能完全否定这个组合模式。毕竟每个人对芝士风味的感受不一样。相信每一位食客，都能对每种芝士独有的气味、刺激、口感发表出各自不同的见解。

此外，我们大多数人都已经熟悉了很多品牌出品的芝士产品，基本上对于"美味代表"的芝士品种耳熟能详。其中，不乏铝箔纸包装的芝士、棒状芝士、汉堡芝士、焗烤芝士等。我想，大多数消费者都能在琳琅满目的芝士柜台前选到心满意足的商品。

在这种大背景之下，就算每次都对葡萄酒精挑细选的消费者，还是会在购买芝士时尽量选择"没有异味"和"易于食用"的款式。

在这种情况下，**芝士不过是用来"下酒"的罢了**。

说到下酒菜，是因为喝起酒来会越来越饿，所以一定要在旁边准备点小吃。

在各种下酒菜中，芝士属于不会干扰任何葡萄酒味道的类型，所以可以说是一种百搭下酒菜。那些说"喝葡萄酒就应该配点芝士"的人也许并非美食家，但我认为这句话能反映出他们真实的想法。说来，酒和下酒菜的关系，就像米饭和小菜的关系一样，能各自精彩，**也能搭配出1+1＞2的效果**。

话说回来，芝士和葡萄酒完全融合在一起时发生的"组合效果"，与日常所说的"美味"完全不是一个层次。

就像熟练匠人制作出来的手握寿司一样，**味道各异的**

食材完全融合在一起，彼此影响，从而诞生出全新的口味。

如果您能亲自体验一次这种感动，就会像我把霞多丽白葡萄酒和孔泰18个月熟成芝士一起放在嘴里那样，体验到一种"说不出来到底是美味，还是身心愉悦"的全新感受。

但是一开始，口感体验一定因人而异。大多数适合用来配酒的正宗芝士，都具有独特的口味和气味，其中不乏让人一言难尽的品种。您可能对初次入口的芝士一见钟情，反之也可能会反复纠结"人类究竟为什么要吃这种奇怪的东西"。就算是不怎么挑剔的我，也会在偶尔被突破底线的时候，放声大叫"疯了！"

但是请记住，这些"怪味"偏偏就是能转变为与葡萄酒完美契合的魅力所在。

纳豆也好，泡菜也好……哪一个没有强烈的特点呢。然而喜欢它们的人也偏偏就是钟情于这些特点。喜欢纳豆的人，大概率不会喜欢无臭纳豆。

在经历了"这是什么？"的违和感以后，您也许会深深爱上这种奇妙的违和感。

有点空闲，就来点芝士

※ 在欧洲被称为白肉。

先不说便利店销售的量产型芝士，正宗的芝士一定价格不菲。

我是个接地气的草根族，一直脚踏实地生活着。尽管如此还是对芝士不离不弃的理由是什么呢？

最简单直白的理由就是芝士无须任何加工就能直接吃，而且放进嘴里就能感受到满满的香气。

从冰箱里拿出来、切开、放进嘴里，大脑能在瞬间感受到喜悦，而且幸福感还能继续放大。就算刚刚遇到点讨厌的事情，也能在芝士的治愈下忘掉一切烦恼。

沙拉、面包、意大利面，无论把芝士加进哪种料理里，都能瞬间变身成奢侈的美食。

顺便说一下，我们总喜欢把食物最好吃的部分叫作"○○的醍醐味"。在日本，最古老的芝士叫作"苏"。而**"苏"在经过升级换代以后，被改名为"醍醐"**。由此可见古人对芝士的赞誉。

通常即时美味的食物都是些营养偏颇、对身体不好的东西。然而即使在营养食品的领域，**芝士也算得上"近乎完美"**。

芝士当中含有大量蛋白质、钙、维生素等大家都需要的营养成分。吃了芝士，甚至不需要再补充其他营养成分了。

有时候我甚至想，要是没有时间吃饭，但无论如何需要摄取点营养的话，那就吃芝士吧。

要是说芝士当中的营养成分有什么不足，应该说缺乏维生素C和食物纤维的成分。所以，**只要再加上一点蔬菜水果，就应该挺胸抬头地直视健康专家的眼睛说"今天也是健康饮食的一天"**。

对于营养摄取不够平衡的人来说，能这样其实已经很不错了。但最近的研究表明，芝士还有降低血压、预防癌症、预防蛀牙、调理肠胃、抑制幽门螺杆菌、促进安眠、**恢复宿醉**等效果。

而且，芝士本身是发酵食品，所以有令人焕发青春的效果；能让人获得饱腹感，有助于减肥；含有乳酸菌，可以改善肠道环境；蛋白质含量多，能让皮肤和头发变漂亮。据说，芝士里还含有促进多巴胺和啡肽分泌的成分。

说到这里，我感觉自己好像专业的销售人员了。话虽如此，**我还是想向您郑重推荐芝士的妙处。**

话说回来，我们每天都吃很多对健康有益的食物，免不了心生腻烦。但这世界上的芝士有 1000 多种，而这世界上还有几十万种葡萄酒。要是把它们排列组合到一起，**会出现我们人类一生也体验不完的组合类型！** 这是多么让人兴奋的一件事儿啊。

下次吃这款芝士的时候，试试那款葡萄酒。如果这款葡萄酒是这样的味道，那款芝士也许会很合适。这种周而复始的尝试，能带来无穷无尽的乐趣。

美味、健康、乐趣非凡。

夫复何求？对我来说，已经别无他求了。

岂止如此啊！我的大脑已经完全被芝士和葡萄酒所占据，为了追求其他未知的快感，今晚也只能吃着芝士、喝着酒，彻夜无眠了。

一款芝士拯救了我的人生

蛋白质

美容、
强健肌肉

钙质

每日2块！

好厉害！

超期待

下次选哪款芝士搭
配这款葡萄酒呢？

时间

嘿！

我切！

切开就能吃

冲击

无与伦比的美味快感

无法
抗拒！

太好
吃啦！

芝士的品牌普及

来尝尝6款『王道』之选

芝士大致分为 6 种类型。

为了了解其中的区别，我们可以先把芝士的包装袋翻过来看看。

后面应该都有具体的标签，在类别的地方应该注明了"天然芝士"或者"混合芝士"。

混合芝士是大众比较熟悉的款式，也就是我们常说的芝士。

将天然芝士粉碎，加入乳化剂消灭细菌和微生物，杜绝其继续发酵熟成，形成质地稳定的加工产品。

这种混合芝士可以长时间保存，并且味道不易变化。就像是用咖啡豆做成的速溶咖啡一样。

这种混合芝士虽然很好吃，但是如果这样就算好吃的话，那就什么都好吃了！所以，让我们先把混合芝士从选项中排除吧。

剩下的类型都是天然芝士。

所有的芝士都是从加热乳的步骤开始制作的。

然后，再加上被称为干胃膜凝乳酶的酵素，或加热或加入乳酸菌来使其凝固。

根据之后的加工流程，可以把芝士分为 6 种类型。

[新鲜型芝士] 是从凝固乳中再抽出一定程度的水分，然后就"收工"的成品。看起来有点像豆腐，在爽口程度方面有绝对优势，易于食用。

[硬 / 半硬型芝士] 是从凝固乳中去除水分，碾压，然后经年累月使其成熟的东西。外观就是以前动画片里那种老鼠最喜欢的东西（实际上，老鼠好像不喜欢芝士）。它的味道很好，堪比中华料理的调味料。

[白霉菌型芝士] 在芝士表面喷上白霉菌使之"成熟"的东西。看起来就是卡曼贝尔。但是，根据不同的做法味道会有很大的变化。既有像黄油一样的儿童食品，也有散发着咸菜气味的高阶款式。

[青霉菌型芝士] 把青霉菌的签子扎进芝士里，然后任由青霉菌繁殖而成。这就是所谓的古贡佐拉。有乳腥味，咸味较重，舌头能感觉到微辣感。

[水浸型芝士] 是用盐水等清洗后的熟成款式。第一眼看上去，会以为是刚烤好的芝士蛋糕。虽然程度各有不同，但无一例外都很臭。与青霉菌不同，它散发着纳豆一样的臭味。

[羊乳型芝士] 是使用山羊乳、撒上盐和木炭等添加物后使之发酵成熟的成品。表面看起来盖满木炭，好像一块石头一样。有的人会觉得羊乳型芝士的味道好像动物园的味道。但对我来说，差不多就是牧场一样的味道吧。

听了这样的说明，您觉得怎么样？

再次重复一下，除了新鲜型芝士以外，基本上都有别于我们对食物的心理定位。

但是，只要您品尝过一次，也认为可以接受这种味道，那么就一定会由衷地接受这种食物的魅力。

不过，"是否能吃"和"是否想吃"，还是两个不同的概念。

首先，您需要了解自己想要什么样的芝士。

希望您能清晰地认识到"我想吃这个款式的芝士"，并非止步于"想吃芝士"这种恍惚的情感。所以，让我们先介绍一下各款芝士的代表产品吧。

马苏里拉（新鲜型）

大爱！温柔地包容着一切的理想型小姐姐！以其清爽、多汁的味道俘虏了全世界的熊孩子们。在各种味道争奇斗艳的芝士界，**可以说是百里挑一的清纯派新鲜型代表！**

帕尔玛（硬/半硬型）

来了来了！意大利芝士的女王、纪律班长！特征是其超级浓的醇香和菠萝干一样的香味，绝不允许味道方面出现丝毫的差错。**一言以蔽之，"浓香炸弹"。**咀嚼的时候，唇齿之间只留下美味！

莫城布里（白霉菌型）

是的！虽然味道独特，**但并不影响其深厚的浓香。**在法国，完全可以超越卡曼贝尔成为众望所归的芝士之王。味道柔和，对于那些喜欢熟成款芝士的人来说，属于那种"太好吃了，正吃着呢，根本停不下来"的美味！

罗奎福特（青霉菌型）

爱了！爱了！这个在洞穴里长大的农家少女，**具有清晰的盐味和羊乳独特的入口即化的微辣口感。**能孕育出这种味道的人，难道不是某位神灵下凡吗？是世界三大蓝纹芝士之一。

圣莫尔（羊乳型）

出现了！超级厌恶妥协的末代武士。充满羊乳风格的硬派味道。只要能接受羊乳独特的香味，**就能领略到前所未见、绿意盎然的魅惑世界！**

埃波瓦斯（洗浸型）

妖艳女生，散发着令人难以拒绝的荷尔蒙。请放过我吧！臭！在芝士当中，**也属于顶级恶臭的级别**。别以为没人会喜欢这种东西，只要吃进嘴里，就会莫名变成"哈哈，再给我点……"的状态。

抱歉，自娱自乐得有点兴奋了。

不管怎么说，只要能逐一品尝一下这6款芝士，您就能体会到每种款式的强烈特征和个性。今后有机会品尝芝士的时候，您也一定可以胸有成竹地说出"我喜欢这个""想吃那个"的话。

假设您已经熟知这6款芝士的特点，了解了详细的购买攻略，接下来请在脑海中构想这样一个场景：隐约感觉到"想买点芝士带回家"的时候，应该怎么办呢？

请先把目标放在"新鲜型"上。因为这是老少皆宜、世界共通、经典百搭的美味芝士。

它比普通的芝士口感更清爽。在需要保持口内清新的时候，请务必选择"新鲜型"。除了那些已经吃到沟满壕平的人、除了那些正在减肥的人以外，没有谁能抵挡住"新鲜型"芝士的诱惑。

要是想要获得比"新鲜型"更香浓的味道，**或许可以考虑"硬/半硬型"芝士。**

"半硬型"芝士，味道最接近混合芝士，但味道更加浓重。而"硬型"芝士，味道仿佛在此基础上更加浓缩一些，而且真的硬到连刀子都切不动。如果不擅长吃坚硬的食物，可以削薄以后再食用。

上述这些芝士，都是可以被称为无异味的芝士。

所以，在全家人一起进餐的时候，选择"新鲜型"和"硬/半硬型"芝士是最讨巧的做法。

要是需要比"新鲜型"更"乳油感"一些的口感，或者想要味道更重一些的，那么来看看"白霉菌型"吧。

很多人以为"白霉菌＝北海道卡曼贝尔"，实则完全不同。

"白霉菌型"里面添加了鲜乳油，不仅呈现出乳油状的质地，而且基本没什么怪味。换种外行的说法，就是像黄油一样。小小一口就能让您笑逐颜开。标识上的乳脂肪成分如果超过了 60%，那就是含有鲜乳油的类型。

相比之下，经历了完整熟成的"白霉菌型"，有着恰到好处的独特味道。虽然算不上浮夸，但也能让您充分领略到芝士世界的快乐，回味留香持久。好像烟花一样，不起眼，但却永远扮演着经典永流传的角色。

那么问题就来了。

剩下的"青霉菌型""羊乳型""洗浸型"，**每一个都是冲击力强烈的款式**。尽管个人感受不同，但完全能把它们的味道统称为"臭烘烘"。

但对于已经习惯了这些芝士的味道的人来说，鼻子舌头不仅感受不到臭味，而且开始赞美它们无法比拟的独特魅力。

至少对于我这样的芝士控来说，**所谓"臭烘烘"完全就是赞美之词。**

我们无法将每种芝士的味道完全用语言表达出来，所以我真希望没有品尝过芝士的人亲口尝试一下。要比白霉菌型更刺激的，那就试试青霉菌型；想吃有酸味的，那就试试羊乳型；喜爱顺滑的口感，还有洗浸型在等待您。

无论哪款，都拥有使人印象深刻的魔力，请在心情愉快、时间充裕的时候慢慢挑选吧。

确定『想要吃这一款』以后再入手

说到这里，在哪里才能买到这 6 款芝士呢？

毫无疑问，网上有售。或者，可以前往芝士专卖店购买。

如果附近没有芝士专卖店，也可以到大型超市或百货商店的地下卖场逛一逛，一定可以买得到。

在国外，芝士通常被随意摆放在冷藏柜里。

从柜台陈列商品的比例，就能分辨出 6 种芝士的人气指数。

硬 / 半硬型芝士总是琳琅满目。新鲜型芝士和白霉菌型芝士也有不少。

无论在哪家卖场，都能看到属于青霉菌型芝士的古贡佐拉。

洗浸型芝士倒是也能看到。**可是羊乳型芝士，究竟哪里有卖呢？**

除此之外，还有一个令人印象深刻的特点，那就是无论哪种类型的外观和大小都参差不齐。

对于几乎都是零经验的芝士购买者来说，**我觉得难以判断眼前的哪一款芝士才是值得购买的。**

▶以 100g 为单位来进行分析

首先来看看价格，请您以 100g 为单位来思考这个问题。

如果是货真价实的芝士，那么 100g 所对应的价格应该在 30 元（约 500 日元）以上。最高端的等级，**100g 的价格高达 60 元（约 1000 日元）**。

以日本常见的帕尔玛干酪为例，180g 的单价为 60 元（1000 日元）的帕尔玛干酪，折算到 100g 的对应单价要超过 30 元（500 日元）。

我总能听见有客人在柜台前惊呼，"这都能买多少肉了！"其实就连我也觉得，芝士又不能像肉那样大快朵颐，价格怎么可以这么高！

不过话说回来，越是高价的芝士，越是充满独特的"特性（臭味）"。也就是说，只经过了熟成处理（经历了熟成时间）的芝士，在熟成的过程中，不仅经历多道工序，而且也在时光的历练中挥发掉一部分成分，然后变小变轻。如果一定要比较的话，**一块相同重量的牛肉在味道**

和浓郁程度方面实难与其比较。

同样以日本常见的芝士为例，100g 的对应单价在 18元（约 300 日元）以下的芝士，通常都是流水线批量生产出来的产品。

说到批量生产出来的产品，优势在于口感易被大众接受，但弱在没有鲜明的个性。

但也并不是说，只要标注了"天然芝士"，就是个性鲜明的品类。

因为只要成分中含有 51% 以上的天然芝士，什么都可以贴上"天然芝士"的标签。

所以，为了真正体验到芝士的精髓，**还是拿出勇气选择 100g 的对应价格在 30 元（约 500 日元）以上的品类吧。**

一次只购买 50g，单价不是很贵，就当作一次勇敢的尝试，怎么样？

还有，可千万别因为过于专注 100g 单价，而忽略了合计金额！

越是个性鲜明，越是价格不菲

100g单价
在60元（约1000日元）的天然芝士，
是公认的高档芝士品种

虽然有点奢侈，
但美味绝伦

100g单价
在30元（约500日元）的天然芝士，
是个性鲜明的优选芝士品类

比较容易挑战的
价位。但质量绝
不打折

100g单价
在6~24元（100~400日元）的天然芝士和
混合芝士，品质稳定、批量生产

老少皆宜的
亲民味道

▶从打折商品中寻找

我在商店里购买成块芝士的时候，总要寻找那些贴了打折标签的商品。

之所以被贴上这样的折扣标签，是因为这些商品已经接近保质期。**但即使已经接近保质期，也绝对不是不好的芝士。**对于口味较重的我来说，此时的商品反而是最美味的时候。

买回家以后不用醒味，直接就能吃，而且还这么便宜。很多人以为"放置时间长了的芝士会让人闹肚子"，实则不会这样，反而正好让我有机会品尝各种美味芝士。

在打折商品中，常见套装。套装里面集合了多款即将到期的芝士品类，然后打包折价出售。对于想多方尝试各种芝士的人来说，**这种类似盲盒似的芝士总是充满惊喜。**

对于单独包装、看起来好像便于使用的芝士，我反而敬而远之。但这种批量生产的芝士，用来作下酒菜倒是还不错。

▶确认 AOP 标识

接下来请看看包装袋吧。对于严选芝士来说，包装袋上的某处一定有 AOP（意大利版为 DOP）标识。**AOP 标识有点类似于原产地命名保护**。如果说是原产地命名保护，还是多少有些细微的差别。更准确一些的话，应该相当于"个性保正品"才对。

例如诺曼底卡曼贝尔芝士的包装袋上，就标明了 AOP 的标识，但其他卡曼贝尔芝士则没有。

条件严格

法国 AOP
意大利 DOP
EU PDO

条件比较严格

法国 /
意大利 IGP
EU PGI

瑞士独有条件

瑞士 AOP

换句话说，无论哪种卡曼贝尔，都万变不离其宗地可以追溯到本源——即诺曼底卡曼贝尔。有 AOP 标识的才是"孙悟空"，而其他的只是"六耳猕猴"。因此，如果您选择了带有 AOP 标识的芝士，那肯定是"充满个性"的品类。而在 AOP 之下，还有一个名为 IGP（地理保护标志）的等级。

▶确认是否有干酪皮

仔细观察，确认芝士是否有干酪皮。如果没有干酪皮，那么这种表面光滑的无皮（rindless）芝士已经被包裹进塑料真空袋里，并且在装进包装时熟成进程就已停止。

比较而言，塑料真空包装没有干酪皮，所以不仅无须花费时间刷洗或擦拭干酪皮，还可以将其切成小方块单独保存，因此价格更便宜。但相反，**有干酪皮的芝士味道显然更好。**

除塑料真空包装以外，还有纸盒包装的芝士。这种包装环境下，进一步熟成的进程并不会受到影响。

有干酪皮

无干酪皮
（rindless）

▶确认是未灭菌还是灭菌

几乎所有的芝士，都是在对乳品进行灭菌后制成的。

这个情况下，味道醇正、没有异味、易于批量生产、容易控制品质、更容易通过质监局的检查。

另外，也确实存在使用未灭菌乳制成的芝士。想必理由正好跟上面相反吧，即使不能批量生产，即使不能确保稳定的质量，即使难以通过质监局的检查，也一定要做出味道和风味无与伦比的芝士。

如果能在未灭菌环境中制成芝士，那么说明其产地一定存在着与生俱来的细菌，然后在这些细菌的努力之下，孕育出复杂的未知世界。

对于我来说，除了用来夹汉堡包，或者给近邻的小朋友们做配餐，只要能买到的话，都选择未灭菌类型的芝士。

那么，什么样的芝士才是未灭菌的呢？

运气好的话，包装上的标签或者柜台的价签上会有标识。

例如 Les Cru 或 Latte Crude，是由未灭菌的牛乳制成的；而 Les Pasturize 或 Latte Pastrisato 则是由灭菌的牛乳制成的。

还有一种独特的芝士，在制作过程中消灭 Les Termise 这种细菌，同时尽可能多地留存下有用的微生物。毫无疑问，这属于一种其精华的制作工艺。

其实就算不阅读上述这些复杂的文字，您也可以用嗅觉来分辨。把芝士拿在手里，闻一下。如果情不自禁地发出"哇"的一声，那就是历经了熟成过程的证据。

但是我想，要是这个也拿起来使劲闻闻、那个也拿起来使劲闻闻，店员会生气吧。所以请适可而止。

▲确认乳脂肪成分（MG）

标签上标识的" MG / ES OO%"的字样，意为乳脂肪成分。看到这个数字，您就可以大概想象一下芝士的乳香程度。

如果仅用牛乳制成，则乳脂肪成分占50％（100g中约25g）。**但普通芝士的乳脂肪成分通常会被控制在45％左右。**

农夫芝士等，会进一步脱脂。因为它的乳脂肪成分会被抑制到约20％（100克中约10克），成分相当健康。

如果成分中含有新鲜的乳油，其乳脂肪含量将达到60％左右。同时，其黄油感会有所增加。例如，白霉菌型芝士当中常见的双乳油制法和三乳油制法，分别含有60％～70％或75％，甚至更高的乳脂肪含量。尽管在一定程度上，乳香＝饕餮美味，**但确实会令人发胖。**

令人困惑的是，在对产品的乳脂肪含量进行标识时，会采取"对产品整体"而言和提取水分以后"对固体成分"而言两种方法不同的方法。

当下，健康导向在全世界盛行，所以请注意，通常的标识都采用"对产品整体"而言的方法。这样一来，乳脂肪含量看起来会少一些。

▶制定战略

当您拿起一块大块头的块状芝士时，难免会出现"真能吃完吗？"这个问题。

在所有购买了块状芝士的消费者当中，至少有一半的人把吃剩的芝士忘在了冰箱里。过了半年左右，当终于在冰箱里发现了硬邦邦的芝士块时，八成因为担心变质而忍痛扔掉。您，有没有经历过这样的事情呢？

在购买芝士之前，请先根据芝士的类型和重量考虑一下品尝策略吧。这样您就不会盲目地带一块仿佛永远都吃不完的芝士回家，然后埋下烦恼的种子。

新鲜型芝士，新鲜程度是决定因素。随着时间的流逝，风味会降低，**所以请尽快食用完毕**。应当控制在当日食用完毕，最多不要超过 2 天。

硬 / 半硬型芝士，因为已经经历的长期的熟成过程，**所以长期放置也没什么问题**。就算偶尔削一片用来作调味料也可以。如果您从一开始就打算长期保存，则建议您将其存储在冰箱的冷冻室里。

对其他类型的芝士来说，**一般最佳的品尝时间都在"购买之日起 2 周左右"。**

对喜欢浓重味道、喜欢熟成芝士的人来说，濒临保质期的芝士才终于迎来了美味的巅峰。

在此之前，到底怎么吃才好呢？

想象一下，如果您喝一次葡萄酒能消化 50g 芝士，那么需要多久才能吃完这块芝士呢？当然，也有人说"我一次可以吃 100g 芝士"！

然后，再想象一下您是否准备**把剩余的芝士放在沙拉中、夹在面包里，或者搭配着意大利面食用**呢？如果您已经可以想象到这些用途，那完全可以放心购买。

到这里为止，您的心理建设做得怎么样了？

如果您已经考虑了这些，一定不会再单凭直觉选择芝士了。当您在酒吧或餐厅里选择芝士时，应该可以熟练地说出"您这里有没有熟成度比较高的白霉菌型芝士"或"如果芝士拼盘里有羊乳型芝士，请不要放进去"这种话了。

有些人会觉得这样讲话多少有些卖弄，多多少少有些不好意思。但实际情况完全不是这样的。

作为像我这样的芝士控店员，只要想一下芝士被买回家后因为不符合主人的口感，然后放任其放在角落里的样子就会无比难过。

到目前为止，啰啰唆唆地解释了好多。言归正传，我最希望您能在购买芝士的时候点名道姓地说出**"想带回家的那一款芝士"**。

要想实名购买，您必须预先知道各种芝士的名称。

因此，我认为让芝士之旅变得有趣的第一步，是先记住它们的名称，然后到商店把同款芝士指认出来。

从切开的地方开始品味

※ 如果不想串味，建议使用密封保鲜袋！

在食用的时候，新鲜型芝士要在刚从冰箱里取出后立即切开。而其他类型的芝士应当放置到恢复常温以后再切开。

像我这种"吃货"，**从开始切芝士的时候就能感受到快感。**刀"刺"地一下切进去的瞬间，一种无以名状的触感传递到掌心，然后就连后背肌肉都会随之颤抖。

如果您没有这种感受，那么就请带着坚定的信念继续切好了。

当然，也一定有人会像切比萨或蛋糕那样，豪爽地一刀下去将芝士一分为二。

如果能一次吃完当然很好。但如果吃不完，那么切口处就会开始发生氧化反应。**所以每次只切要吃的那么大就好。**

配合着芝士自身的形状，切芝士的方法有很多。如果芝士的形状本身就有中心点，那么可以从中心向外侧延伸，切一块下来。可别忘了，中心的位置和外侧的位置，味道可不一样哦。

那么干酪皮可怎么办呢？当然要吃掉啊！芝士皮和芝

各种切割方法

士芯的味道不同，放在一起品尝能感受到浓妆淡抹总相宜的意境。

但是，硬／半硬型芝士有所不同。在吃之前，请把皮削下来。虽然也能吃，但原本并不是应该吃的部分。

其次，请观察一下切好的芝士。先观察皮的颜色，然后观察表面的凹凸，最后观察断面的状态。

虽然是用眼睛看，但也确实会影响到味觉。

如果看起来感觉很鲜爽，那吃进嘴里的口感会大幅上升。这是真的！

然后，用鼻子闻。

显然这并不符合餐桌礼仪， 我心知肚明，但是请闻一闻吧。越是正宗的芝士，越能散发出地道的气味。让我稍微沉浸在这种感动中一会儿吧。

肆无忌惮地宠爱之后，去掉外皮。然后……迅速地放进嘴里大饱口福。

这个世界上，还能有比芝士更美味的食物吗？ 干酪皮和芝士芯，完全像是两种不同的食物。

外皮干爽醇香，内里柔嫩香浓。来不及沉醉于唇齿之间的快感，蓄势待发的味道和香气已经一气呵成地涌了进来。

那种乳香不错，那份浓郁也不错。但与这种直截了当的快感不同，一种太过复杂的味道在记忆中留下了深深的烙印。

当您刚弄清楚一种味道后，嘴里的芝士已经演化出了另外一种不同的味道。是的，芝士的味道会随着时间的推移不断变化，以至于弄不清什么时候才应该把它咽下去。

如此神奇，能在嘴巴里变化出多种不同味道的食物，这世间还有吗？

如果是 AOP 级的芝士，您可能会感受到仿佛身处海边，或者登上山顶的那种海阔天高的感觉。

是的，就是这样。当您碰上正宗好芝士时，会感觉自己好像在一瞬间被带到了另一个国家。

说来说去，当本身的味道已经如此复杂的芝士，遇到棋逢对手的葡萄酒，那两者的味道合二为一，真的会衍生出不可名状的味道。

当然，要是您专注于交谈，并没特别留意只是一口一口喝下去、一口一口咽下去的话，就不会发现如此神奇的变化。结果可能只是放下酒杯，感叹一句"啊，今天又喝多了"！

的确，世界就是如此奇妙。

啊，真好吃！这么好吃的芝士一口气吃完太可惜了，留点下次吃吧。怎么保存比较好呢？

直接放进冰箱里一定会变得干干巴巴的。可是包上保鲜膜，却又变得黏黏糊糊的。

所以，为了不积压水分，保鲜膜不应包得太紧。或者，可以装进密封保鲜袋里，然后放入冰箱冷藏（硬／半硬型芝士可以放入冷冻室保存）。

如果最终还是没吃完，过了保质期的芝士应该如何处理呢？

发现的时候吃掉就好了。与全盛期相比，它的味道恐怕已经在下坡路上了，但如果还在半年以内，应该不会有很大差距。**基本上来说，芝士是不会坏掉的**。

在白霉菌型芝士和青霉菌型芝士上面，可能还会生出其他霉菌，这时候削掉再吃就好了。

如果还是不放心，可以加热一下。烤芝士的味道是超好的！或者抹点鲜乳油、调味料，也是不错的选择。

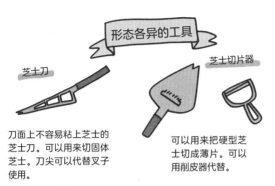

形态各异的工具

芝士刀

刀面上不容易粘上芝士的芝士刀。可以用来切固体芝士。刀尖可以代替叉子使用。

芝士切片器

可以用来把硬型芝士切成薄片。可以用削皮器代替。

芝士板

可以同时用来切芝士或作为装芝士拼盘。瞬间营造出品尝芝士的氛围。

芝士刨丝器

可以用来把硬型芝士削成粉末。可以用家用刨丝器代替。

旋转花刀

僧侣头芝士的专用工具。刀片可旋转，能切出花瓣一样的芝士片。

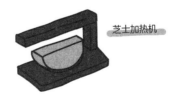

芝士加热机

拉克莱特专用工具。芝士熔化后像瀑布一样流淌下来。可以在家享用拉克莱特的奢华器械。

组合

一个一个线索地去摸索

对于芝士和葡萄酒的组合来说

确实啊……

嘿嘿嘿……

有提高成功概率的理论

组合①

味道相近组合

咸味 / 甜味

味道相反组合

组合②

相同年代

把产地、熟成度接近的款式组合在一起

但其实，不实际试试看是不会知道对错的

我究竟干了什么啊？

呜呜

好吃……太好吃啦！

哇哇

还有无视理论知识的奇迹组合

早在很久很久以前，**芝士配葡萄酒的美味秘密**就已经为人们所熟知。

所以能做出美味芝士的国家和能酿出美味葡萄酒的国家，总是有很多相似之处。

实话实说，就算是随机选择的葡萄酒味道偏酸，也能在遇到超级美味的芝士以后绽放出美味的花朵。这究竟是为什么呢？

这是因为，芝士可以弥补葡萄酒的不足之处，而葡萄酒又能调和芝士的个性。

但是，到底有没有天作之合的组合呢？所谓天作之合，是超越了美味的层面、超越了人间悲喜，能赋予人们一种进入了另一个未知世界的感觉。我对这种感觉如饥似渴，才化身成为芝士和葡萄酒的饿鬼。

就算碰巧成功地获得了天作之合的感受，也未见得再次尝试时还能获得同样的感动。另外，别人推荐过来的所谓天作之合，对您来说也许只是平平无奇，完全没办法感受到同等水平的味觉冲击。

正因芝士如此奇妙，才令人们在品尝时充满各种可能性。也正因如此，才更难如上青天。

既然如此，就参考一下这些线索，试着寻找属于自己的天作之合吧。

▶ 线索 1

"听说，两种相似的味道更容易匹配。"

芝士和葡萄酒，从根本上来说原材料就不一样，所以味道不可能一样。但是一定存在同样拥有爽口、柔润**这种特质的品类。**或者说，同样拥有檀木香、坚果香等。这样的品类匹配到一起，成功搭配出天作之合的可能性更高。

▶线索2

"听说，两种正好相反的味道更容易匹配。"

例如偏咸味的青霉菌型芝士和甜味的白葡萄酒、乳香十足的新鲜型芝士和具有发泡刺激的起泡酒，都是常见的组合。在调和单方味道的同时，完全可以期待碰撞出来令人欣喜若狂的火花。

▶线索3

"也许，来自相同产地的品类会很搭调。"

就像日本九州产的芋头烧酒搭配拔丝地瓜、日本秋田的清酒搭配烟熏葡萄干米果一样，因为原产地相同，很有可能制作的时候就带着"搭配吃喝很可口"的理念。

▶线索 4

"也许，熟成度匹配的品类会更搭。"

如果有老年人在场，往往他们比年轻人更能发挥控场的优势。这个道理同样适用于芝士和葡萄酒的组合。如果一方的熟成度太高，那么另一方的存在感会变得非常低。

所以新酒配新鲜芝士、老酒配熟成芝士，如果年代感不匹配，会很难搭配出惊艳的效果。

听了我上面的介绍，您理解了吗？

我可以断言，要是仅凭这几条线索就反应出"啊，懂了懂了"的人，应该已经对芝士的情况胸有成竹了。

然而对于早已习惯芝士鳕鱼、芝士薯条，或者偶尔奢侈一下购买北海道卡曼贝尔芝士就深感满足的人来说，可能还是感到云里雾里，不知应该如何选购才好。

对于我来说，真的不想看到准备尝试组合搭配的人，早早止步于"差不多就好"的行列。

有几款芝士和葡萄酒的绝配组合已经得到了大家的认可。如果可以的话，我们就从这些安全的组合来试一下好吗？

▶绝配1

甜白葡萄酒＋罗奎福特（青霉菌型）

如果经济条件允许，请务必尝试一款名为苏玳（Sauternes）的奢侈品级甜白葡萄酒。**当巅峰级别的至尊甜白葡萄酒在嘴里，溶化了巅峰级别的辣口青霉菌型芝士时，**您将陷入天上地下唯我独尊的境界。对，这就是全世界。这组搭配性价比极高，值得尝试。如果世间无酒，那甜蜜也将不复存在。

▶绝配 2

Cider 苹果酒 + 诺曼底卡曼贝尔（白霉菌型）

两者都原产于法国诺曼底。将这两种食物放在一起，让人无法厚此薄彼，它属于根据原产地搭配的经典组合，请您一定要亲口品尝。本来，苹果和卡曼贝尔芝士一起吃就很美味。而当正宗卡曼贝尔芝士与苹果精酿而成的 Cider 组合在一起时，那美味绝对超乎想象。

▶绝配 3

轻盈型红葡萄酒 + 帕尔玛干酪（硬型）

只要是轻盈型红葡萄酒，哪一款都可以。特别推荐在店铺中比较容易买到的蓝布鲁斯科（Lambrusco）气泡红葡萄酒。当你一边咀嚼着帕尔玛干酪的香味，一边让葡萄酒流淌进口中时，就算说牛乳在嘴里开出了花也绝不为过。

▶**绝配 4**

　　轻盈型白葡萄酒 + 瓦郎塞（羊乳型）

　　如果您想喝点葡萄酒，试试长相思（Sauvignon Blanc）如何？如果还想再继续品鉴一下，那就请务必尝试一下产地相同的桑塞尔（Sancerre）。瓦郎塞的绝妙口感，回应着葡萄酒一波又一波的酸味，我身处家中，仿佛两室一厅的小公寓摇身一变成了旷阔无边的大草原。

▶绝配5

香槟 + 查尔斯（白霉菌型）

两者都产自法国香槟区。虽然不清楚原因，但它们真的十分登对，请您一定要亲自验证一下。"乳香细腻"和"发泡刺激"，这两种原本绝不会在嘴巴里相逢的味道混合在一起，导致大脑里瞬时警铃大作。冷静一下，然后您会发现，不知不觉就"爱了"。

▶绝配6

香醇的白葡萄 + 门斯特（洗浸型）

说到芳香型白葡萄酒，**建议您与拥有荔枝般质感的琼**

瑶浆（Gewürztraminer）进行搭配。琼瑶浆的浓烈香气与气味堪比纳豆的熟成门斯特，同样强烈的味道正面相遇，却不知为何演化出无比优雅而洒脱的味道。我也曾为此感动震惊。

▶绝配 7

黑皮诺（Pinot Noir）+ 埃波瓦斯（洗浸型）

放之四海而皆准的最强组合。在美食家当中，有一个不成文的标准："葡萄酒要品尝勃艮第，最好是热夫雷 - 香贝丹（Gevrey-Chambertin）出产的。"但我反而觉得，就算没那么奢侈也足够我乐在其中，渐入佳境，**心灵沉浸在埃波瓦斯那种具有破坏性的味道中，身体被裹在黑皮诺蔷薇般的香气里**……

▶绝配 8

波特酒（Port Wine）+ 斯特尔顿（青霉菌型）

看到这个组合会不会让您略感惊讶？虽然算不上是经典组合，但却令人百试不厌。

斯特尔顿的强烈咸味，被波特酒的强烈酒香包起来，孕育出一种格外醇厚的味道。仔细想想，可以说是笔者个人最钟爱的一种搭配。波特酒在开封以后，保质期可长达1个月，是家庭常备佳品，非常适合在日常偶尔小酌一下。

▶绝配 9

博若莱新酒（Beaujolais Nouveau）+ 蒙特利（洗浸型）

秋季解禁的葡萄酒和秋季才会美味可口的应季芝士，特别像两小无猜的绝配组合。虽然没有让味觉飞升的冲击感，但一定是平凡生活中最美味的组合方式。就像很多人是从博若莱开始喜欢上葡萄酒那样，**我们能从这个美味组合当中感受到婉转清扬的幸福感。**当蒙特利的熟成度更高时，质地会逐渐转换为膏状，能用勺子直接盛起来吃。

▶绝配 10

浓香型红葡萄酒 + 曼彻格（硬型）

推荐选用同为西班牙出品的丹魄葡萄酒（Tempranillo）。两者都拥有强烈的味道，势均力敌，碰撞的瞬间仿佛能让时间静止。随之而来的是口中浓厚的能量和喷薄而出的理性。如果您本来就口重，拉面、果汁、冰激凌都要味道足够浓郁才行，那么这个组合一定可以满足您的需求。

我就先讲到这里吧。

可能上文中包含一些很难买到的或者超出预算的款式。

但只要您有机会尝试到其中任意一款绝配组合，必将深刻地感受到葡萄酒和芝士组合在一起时的惊艳口感和绝妙味道。

从这里开始，去寻找自己喜欢的组合方式吧。

请牢记下文将要介绍的芝士特征，去发现只属于你自己的奇迹组合吧。

绝配组合

从简单易懂的美味开始尝试吧!

甜白葡萄酒
+
罗奎福特（青霉菌型）

Cider苹果酒
+
诺曼底卡曼贝尔（白霉菌型）

轻盈型红葡萄酒
+
帕尔玛干酪（硬型）

098

……好吧！

那么，请选择吧。

我早已经把范围缩小了很多。

叽叽 喳喳

叽叽 喳喳

叽叽喳喳

芝士们化身人形生活着的世界……欢迎您来到芝士学园！

什么？不是只有3个种类吗……

咔嚓

没全部出席呢！可是大家还

对的，在籍学生的数量差不多是这里的10倍

10……10倍……

到此为止的芝士学习，仅仅是入门级别……

芝士入门

请您放心！

咽口水……

……

好的……

还要伪装成学生吗？

接下来，我们再详细地学习一下芝士的种类吧。

希望你跟同学们一起生活，多了解一下大家的情况。

啊！对了，有件事情忘了跟你说……

101

我在店里挑选了薯片，想着会不会马上就灭亡了。

哑口无言

安心
安心

第2章

各种芝士

世界芝士

　　所谓芝士，是利用酵素固化乳品，然后从中去除乳清，再将其倒入模具中制成的。但即使同为芝士，也会因为原产地土地的特点，熟成方法，牛、绵羊或山羊吃的牧草等不同而孕育出性格迥异的芝士。

法国芝士

　　孕育出罗奎福特和卡曼贝尔等多款芝士的国度。由于芝士的款式和形状各异，而被称为"一村一芝士"。芝士消费量位居世界第一。

意大利芝士

　　盛产佩科里诺、帕尔玛干酪、古贡佐拉等，能让料理菜系也随之美名远扬的芝士。因其北部的硬型芝士和南部的新鲜型芝士而出名。

瑞士芝士

　　这里出产的主流芝士以拉克莱特和埃曼塔尔等为主。这些芝士可以历经漫长的严冬，属于品质历久弥新的山系芝士。另外，芝士制作的规则要比其他国家更严格。

西班牙芝士

　　主旋律自由奔放。感官上好像都不能把它们统称为西班牙芝士，各地出产的芝士拥有各自独特的个性。数不胜数的味道让人叹为观止。

荷兰芝士

　　荷兰，是最早把芝士传到日本的国家。如果您在寻找口味强烈的款式，那荷兰芝士可能有点黯然失色。因为哪一款吃起来味道都很稳定，符合日本人的口味。

英国芝士

以传统的切达、斯特尔顿为中心，并以此为基础衍生出崭新口味的芝士。

美国芝士

盛产适用于汉堡、比萨、玉米片的批量生产，大量消费型芝士。无须多虑，张口就吃，正是其魅力所在。

丹麦芝士

大多数芝士产品都效仿了其他国家的芝士品类，因此一部分的芝士狂热粉丝对其敬而远之。但是，在追求"××风格"的时候，可以低价购买到相应产品。这样说来，也是一种不错的选择。

第1节

搭配酒体轻盈型红葡萄酒的芝士

芝士与轻盈型红葡萄酒

代表品种

● **佳美（Gamay）**……………… 在勃艮第地区耳熟能详的明星产品。散发着草莓香，需要尽快饮用。

● **贝利（AMuscat Bailey A）** 拥有淡淡的黑蜂蜜香气和酸味。

● **黑皮诺（Pinot Noir）**……………… 玫瑰香与红提子的混合香气。

帕尔玛干酪

DOP

意大利

意大利芝士的纪律班长，兼任女王。醇香的气息有点像菠萝干。

算得上是硬质的最高等级。保留了强烈的品牌意识，脱脂后制成，因此乳脂肪含量极低，质地坚硬，呈块状。正因为如此，咀嚼时爆发出来的香味令人震惊。单品可作为调味料使用，其味道广受大家的喜爱。酷似菠萝干的香气卓尔不群。帕尔梅散芝士是帕尔玛干酪的仿制品。

组合

艾米利亚 – 罗马涅大区的轻质葡萄酒

与相同产地出品的蓝布鲁斯科（Lambrusco）搭配……

类型

硬 / 半硬型

切割方法

骰子状　削末

数据	原料	乳脂肪含量	熟成时间	稀有程度
	无灭菌乳	32%	1 年	**B** 偶尔可见

109

诺曼底卡曼贝尔

AOP

法国

母性气息浓厚的小姐姐，她是诺曼底家族里独一无二的存在。

虽然哪里都能买到卡曼贝尔，但能够冠以本家正名的就只有诺曼底卡曼贝尔。当你发觉跟以前知道的卡曼贝尔完全不同时，仿佛转瞬间就进入了另一个独一无二的世界。在这里，你能看到在海风的沐浴下咀嚼牧草的乳牛，还能体会到用这种乳牛产出的牛乳制成的芝士风情。与苹果酒（Cider）或卡尔瓦多斯酒（Calvados）等苹果系列果酒搭配，味道更佳。

 组合

苹果酒
（起泡酒也可以）

法国北部的
轻盈型红葡萄酒

类型 白霉菌型

切割方法

	原料	乳脂肪含量	熟成时间	稀有程度
数据	无灭菌乳	45%	21天	A 芝士店有售

世界上能制作卡曼贝尔的地方数不胜数，就连日本本土也在制作。

您是本家的大小姐呀！

讨厌

并没有那么夸张！

受到 AOP 保护的『本家』，就只有这款诺曼底卡曼贝尔。

『本家』的芝士慢慢熟成以后，中间的部分会愈发黏稠。

还有，您一直拿在手里的壶看起来也挺神圣的样子。

啊，要拿一下这个看看吗？

可以吗？

并非单纯的乳香味。这是一种从未品尝过的独特味道，就像打开了新世界大门。

他们没有告诉你吗？这就是一个普通的书包……

抱紧

啊……感觉心里充满了爱……

怎么回事儿

喂—喂—！

一旦习惯了这种味道，普通的卡曼贝尔就再也无法让我满足了……

米莫雷特

法国

自来熟的天真少女。成熟以后会变得沉着冷静、充满和风气息。

年轻的时候，平平无奇地散发着酸味，质地柔和。随着熟成时间越来越长，形成了恰到好处的苦味和香醇，质地也变得更加坚硬。咀嚼的时候，香气慢慢释放出来，也被称为南瓜芝士。这种芝士独特的美味以及表面的凹凸，均来自螨虫幼虫的帮助。这也是米莫雷特的独特之处。

类型
硬 / 半硬型

切割方法

组合

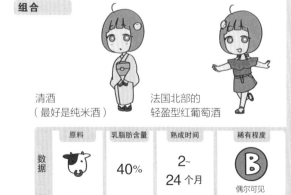

清酒
（最好是纯米酒）

法国北部的
轻盈型红葡萄酒

	原料	乳脂肪含量	熟成时间	稀有程度
数据	🐄	40%	2~24 个月	B 偶尔可见

背景音

你可不能再不用心啦！差不多就要半年了。

米莫雷特，

经过芝士螨虫的帮助，熟成的步伐又前进了一步。

唉

他们都叫我"小丫头"。

米莫雷特的意思是『一半柔软』。

即使熟成期已经过了2~6个月，质地还是柔软的。

哟吼~

18个月

12个月

6个月

香味和醇厚越来越明显。

熟成期到了1年以后，就进入了半软期，这时候已经硬得用刀子都切不动了。

最终形成了大家闺秀的气质。

埃曼塔尔

瑞士 AOP

瑞士

虽然看起来漫不经心，但是微苦和甜蜜相结合的味道老少皆宜。

看起来让人情不自禁地联想到《猫和老鼠》里面的场景。至于味道，会让您想问"咦，芝士去哪儿了"？虽然给人一种漫不经心的感觉，但确实可以感受到悠远的苦味与甘甜。正因为味道如此特别，所以应当搭配口感细腻的葡萄酒。另外，因为二氧化碳不能向外释放，所以表面才形成了大大小小的洞。这也是质地紧缩，充满弹性的佐证。

组合

侏罗或萨伏依地区的轻盈型红葡萄酒

适合清爽型白葡萄酒。

硬 / 半硬型

类型

数据	原料	乳脂肪含量	熟成时间	稀有程度
	无灭菌乳	45%	4个月	Ｂ 偶尔可见

切割方法

埃曼塔尔的味道很清淡，总是给人留下差点什么的感觉。

转学生

埃曼塔尔，你怎么一个人在这里？

那是……

一动不动

仔细品味，可以感受到悠远的苦味与甘甜。

嗯

我在晒太阳。

嗯……

哎哟哟

加热以后慢慢拉伸，会散发出坚果一样的香气。

好香的味道

看起来是个小孩子。

走吧！转学生，我们去上课吧！

哦，好的。

瞥了一眼

走这边哦

太帅了！

个子好高啊！

最早的时候，使用80头牛产出的1000L牛乳制作的世界最大芝士。

115

爱尔兰·波特

爱尔兰

貌似高冷，实则低调。香气类似黑啤酒，味道优雅柔和。

看起来有点蓬松而怪异，但其实并没有什么怪味，反而味道有点类似低调的切达芝士。黑色的大理石花纹来自原材料中的黑啤酒成分。有一种类似巧克力一样的复杂风味。如果放在拼盘里，能营造出奢华氛围。推荐在晚宴上用来招待客人。

组合

黑啤酒

轻盈型
红葡萄酒

硬 / 半硬型

类型

切割方法

数据	原料	乳脂肪含量	熟成时间	稀有程度
		40% ~ 52%	9个月	A 芝士店有售

吧嗒吧嗒

糟糕，要迟到了。

这就是爱尔兰·波特。

哇！

瞟一眼

视觉效果浮夸，可能会给人留下『拒人于千里之外』的第一印象。

实则味道非常低调。

要从这里过去吗？您请！

材料里的黑啤酒。

黑色花纹来自融入原

回家路上要不要去买个冰激凌吃？

好啊！

既有巧克力一样的芳香，也有润滑的口感。

巧克力味的冰激凌

怎么样？

我也想去！

我也是！

除了黑啤酒和咖啡，兼容性很高。配威士忌和咖啡，也能搭

117

在以臭闻名的洗浸型芝士当中，属于口感和味道都很优秀的款式，所以建议您从这里开始入门。味道有点类似腌萝卜，回味悠长、充满治愈效果。单独来说，可能无法满足需要强烈刺激的食客，但相反与所有葡萄酒都能完美组合。当您回过神来，会发现早已深深爱上这种感觉。

组合

法国北部的轻盈型红葡萄酒

熟成程度越高，匹配红葡萄酒的口味越重。

	原料	乳脂肪含量	熟成时间	稀有程度
数据		45%	2 周	偶尔可见

搭配酒体
轻盈型
红葡萄酒

彭勒维克

AOP

法国

大家公认的温柔性情，广受身边人的喜爱。适合初学者的洗浸（Wash Type）芝士。

类型

洗浸型

切割方法

118

彭勒维克的原意是气味和味道都很柔和，属于一款平易近人的芝士。

转学生！

中午一起吃饭吧！

起来真香啊！

这份便当看

是吗？吃腌萝卜吗？还有煮的东西呢。

如果接受不了这种味道，那说明还不能尝试其他款式的洗浸型芝士。

洗浸型当中，有很多像埃波瓦斯、马鲁瓦耶那样秉性强势的人，但是彭勒维克却很沉稳。

味道沉稳，所以跟葡萄酒搭配在一起，特别能让人感到放松。

下次休息的时候去海边，好好休息一下吧！

太棒了！

跟生菜一起夹在面包里做三明治，使人食用后倍感神清气爽。

奶嘴芝士

DOP

西班牙

形状酷似奶嘴，所以被命名为奶嘴芝士。口感润滑、味道醇正。单独品尝的时候，味道足够美味。但也适合夹在三明治里食用。西班牙人甚至会搭配着火腿直接放进嘴巴里。

拥有甘甜的乳香和弹力十足的口感，属于小性感类型，让男生意乱神迷。

组合

西班牙的轻盈型红葡萄酒

可以尝试与各种西班牙葡萄酒组合！

硬／半硬型

类型

适当

切割方法

数据	原料	乳脂肪含量	熟成时间	稀有程度
	🐄	45%	1周	**A** 芝士店有售

至尊芝士

法国

口头语是『太好啦！』超级元气少女，口感柔嫩润滑。

　　在法语里是"最佳"的意思，其实说的是"乳香味最佳"。尺寸和乳脂肪含量与众神一样嬗变。虽然无法比拟圣安德烈，但无论哪一款都能让您沉醉于乳香的世界。啊，对了！说到最佳，千万别忘了其味道无比醇正的特点。要是取代小点心，与浓红茶一起品尝，能让身心都得到无比的满足。

组合

轻盈型红葡萄酒

推荐与芳香型白葡萄酒组合！

白霉菌型

类型

切割方法

数据	原料	乳脂肪含量	熟成时间	稀有程度
	🐄	60%~ 62%	无	**B** 偶尔可见

卡曼贝尔

法国

初次见面就能让你放下戒心的小姐姐。入口即化，味道稳定，让人放心。

作为白霉菌型芝士，在世界中的产量规模最大，其存在令人不可无视。因为谁都可以被命名为卡曼贝尔，所以同款产品随处可见。以大型乳制品公司生产的老少皆宜型卡曼贝尔最为多见。此外，除了本家诺曼底 AOP 款式，市面上也不乏采用无灭菌手法制作的味道强烈的款式。始于卡曼贝尔，终于卡曼贝尔。

组合

轻盈型红葡萄酒

切成片直接品尝也很美味。

类型

白霉菌型

切割方法

	原料	乳脂肪含量	熟成时间	稀有程度
数据		45%	无	C 随处可见

蒙特利

DOP

法国

穿金戴银的土豪男。果冻一样的质地，醇香浓厚，散发出淡淡木质香气。

随着其熟成程度的推进，质地愈发柔嫩，可以用勺子盛起来直接品尝。11月份是最佳品尝期。当每年博若莱新酒（Beaujolais Nouveau）的解禁消息流传出来以后，大家就会欣喜若狂地呼唤"蒙特利的季节来到了！"因为熟成过程中被存放在木棚子里的木箱中，所以拥有让人无法抵抗的极品香气。也被称为芝士中的珍珠，由此可见其贵族气息。

组合

侏罗地区的轻盈型红葡萄酒

因为充满乳香，所以适合用来搭配口感香醇的白葡萄酒。

洗浸型

类型

直接食用

切割方法

数据	原料	乳脂肪含量	熟成时间	稀有程度
	无灭菌	45%	3 周	Ⓢ 非常少见

嫩玉米和
卡曼贝尔

食谱

材料

· 卡曼贝尔……适量
· 带皮嫩玉米……适量
· 粗粒黑胡椒……适量

制作方法

① 切掉嫩玉米的尖，剥掉皮（只剥掉外面的 3 层左右即可）。

② 用保鲜膜包住剩下的部分，放进 500 瓦的微波炉里加热 4 分钟。

③ 纵向切开，把皮打开（小心烫伤），切成适当的大小。

④ 放进盘子里，撒上切成了大小适宜的卡曼贝尔，最后撒上适量粗粒黑胡椒。

※ 中间的玉米须可以一起食用。

塔利亚塔

材料

· 帕尔梅散……适量
· 煎牛肉……1 片
· 香醋……100mL

制作方法

① 牛肉片解冻，撒上盐和胡椒粉（分量外）腌制，然后煎至表面变色。

② 用铝箔纸包起来，静置一会儿。

③ 小火熬煮香醋，直到分量变为原有的 1/3。

④ ②稍微变凉以后，切成 1cm 左右的薄片，盛进盘子里，浇上③。

⑤ 把帕尔梅散切成薄片，撒在肉上（可以使用切片器）。

第2节

搭配爽口白葡萄酒的芝士

乳酪和干白葡萄酒

代表品种

- **长相思（Sauvigon Blanc）** 清新的香草和葡萄柚味。

- **甲州** ⋯⋯⋯⋯⋯⋯⋯⋯⋯⋯⋯⋯⋯ 拥有良好的香气和口感，易于与日本料理搭配。

- **灰皮诺（Pinot Grigio）** ⋯⋯⋯ 意大利产品令人耳目一新。法国产品琳琅满目。

- **阿瓦里诺（Alvarinho）** ⋯⋯⋯ 酸味和矿物质多，类似梨和青苹果的味道。

搭配爽口
白葡萄酒

圣莫尔

AOP

法国

拒绝妥协的武士性格。味道类似山羊芝士（Goat Cheese），属于硬派风格。

圣莫尔原本身上撒满木炭粉，中间穿着一根麦秆，看起来乖巧可爱，不经意吃进嘴里惊觉"羊乳型芝士简直太棒啦！"因为属于酸凝固，质地格外丝滑，口感类似于汽水糖一样。香气诱人，山羊乳的香气让人心醉神迷，以至于我都忍不住立即启程奔赴牧场。

组合

卢瓦尔河地区的爽口白葡萄酒

切的时候别忘了把麦秆拔出来哦。

类型

羊乳型

切割方法

数据	原料	乳脂肪含量	熟成时间	稀有程度
	无灭菌乳	45%	10 天	A 芝士店有售

唉!

转学生,我找不到那根棍子了吗?可怎么办啊?

圣莫尔总是随身携带的啊……

原本是为了防止变形,现在也用来标注生产者的编号。就是对质量这么有自信。

垂头丧气

呜啊啊啊啊啊啊

圣莫尔的中间穿着一根麦秆。

咦,不就是这个吗?写着名字呢

啊,就是这个谢谢你!

哇~

咔嚓

利用乳酸菌实现乳品固化,味道有点像酸乳,口感松软。

大恩不言谢!

129

AOP

法国

瓦郎塞

骄傲的领导者。表面覆盖着炭粉，头顶上的薄铁皮令人印象深刻。

说来你可能不信，味道与圣莫尔几乎没有差别，所以同样是我的钟爱款。有点类似土鸡蛋的口感，质地松软细腻，略有酸味。有这样一个传说，据说在埃及战败的拿破仑非常讨厌金字塔的形状，所以把这款芝士的形状制成金字塔的形状，这样就能想切就切了。

组合

卢瓦尔河地区的爽口白葡萄酒

与长相思系列的葡萄酒是绝配！

羊乳型

类型

切割方法

数据	原料	乳脂肪含量	熟成时间	稀有程度
	无灭菌乳	45%	1周	A 芝士店有售

131

搭配爽口
白葡萄酒

巴侬

AOP

法国

容易害羞，认生。散发着轻微的栗子叶香气。

　　用新鲜的栗子叶包裹起来。从这种包裹中，可以让人感受到家的温馨。啊！真想回家啊。就像黏豆包一样，叶子的气味牢牢地贴附在芝士上。熟成之前，质地确实像栗子一样松散，但是熟成之后质地就变得像酒糟一样黏稠，相当惹人喜爱。

组合

普罗旺斯地区的爽口白葡萄酒

熟成以后，请搭配日本清酒品尝。

羊乳型

类型

切割方法

	原料	乳脂肪含量	熟成时间	稀有程度
数据	无灭菌乳	50%	10 天	A 芝士店有售

图书馆

转学生

巴侬，你在做什么呢？

我在给表兄弟们写花草笺。

从前，村子里的家家户户都做巴侬。

好漂亮啊！

果然！

各家会根据自己的喜好，添加一些干里香或玫瑰花等花草。

虽然兄弟们很多，但是并不常见面。

原材料既有牛乳，也有羊乳，做法也不尽相同。

但是，被 AOP 认定的巴侬，只能由『山羊乳』做成。

嗯~~

那么，今天选哪瓶呢？工匠们用栗子叶包裹住巴侬，等待他们熟成，因此香气宛如酒糟，芳醇清爽。

133

布拉

法国

邻家妹妹的类型，是大家的团宠。性格干脆利落。

小巧玲珑，可以用牙签叉着吃，外观可爱到让人瞳孔放大。忍不住叫出声来："啊！怎么回事？好像过电了一样！"酸酸的味道很清爽。与同样味道清爽的阿里高特系列葡萄酒搭配在一起，会让你误以为布拉就是为了阿里高特而诞生的。

组合

爽口白葡萄酒

完美匹配阿里高特（Aligoté）系列的葡萄酒。

羊乳型　类型

适当　切割方法

	原料	乳脂肪含量	熟成时间	稀有程度
数据		45%	无	Ⓐ 芝士店有售

135

菲达

PDO

法国

自带高光，浑身上下散发出小仙女的气息。盐分含量高，是沙拉菜品的人气搭档。

作为切片的新鲜芝士，曾出现在希腊神话中。质地松脆，容易散开，味道略咸，有酸味。为了充分体现其个性风味，经常在制作过程中混合一定分量的羊乳。吃进嘴里，能感受到若隐若现的"山羊"气息。浸泡在橄榄油里，可以做成符合成年人口味的调味料。

组合

希腊的爽口白葡萄酒

如果能入手希腊葡萄酒，绝对要搭配菲达！

新鲜型

类型

切割方法

数据	原料	乳脂肪含量	熟成时间	稀有程度
		43%	2个月	B 偶尔可见

136

诞生于希腊的最古老的芝士——菲达。

也曾作为贡品登上过神殿的殿堂。

一口咬下去,松脆的质地会一下散开。

呼啦!

啊……

你还好吗?

古希腊人为了综合葡萄酒的酸味,就用这款芝士来佐酒。

啊,历史这么悠久啊!

可以感受到柔和的酸味和乳臭味,另外,还有鲜味十足的咸味。

另外,与柠檬和橙子等柑橘类搭配也非常美味。

我去一下保健室。

没事啊,谢谢你!

菲达?

叽叽喳喳

137

布拉塔

意大利

超级润滑的口感，是热门商品马苏里拉的妹妹。

　　把马苏里拉芝士擀成片，然后把豆乳状的凝乳碎块和鲜乳油包在里面。好啦好啦！辛苦啦！名字的原意为"像黄油一样"，是一款非常浓郁可口的芝士。切开以后，里面柔软的内馅缓缓溢出，可以直接搭配蜂蜜、水果制作甜点。为防止口味下降，需要当天食用。

组合

普利亚大区的爽口白葡萄酒

也可以搭配意大利的起泡酒。

新鲜型

类型

适当

切割方法

	原料	乳脂肪含量	熟成时间	稀有程度
数据	🐄	75%	无	Ⓑ 偶尔可见

138

用碎马苏里拉芝士和鲜乳油做出来的布拉塔，拥有无可比拟的浓郁度。

切开以后，里面柔软的内馅缓缓溢出。

偶尔也有用树叶包起来的款式。

这个披肩真可爱！真适合您！

是吗？

这是用叶子的颜色来判断其新鲜程度，是久负盛名的包装方式。

早点吃掉哦。

也就是说要

不好意思，我们家的门禁有严格的时间要求。

咦，布拉塔，这就要回家了吗？

我们一会儿要一起去咖啡店呢。

139

搭配爽口
白葡萄酒

哥洛亭
沙维翁乳酪

AOP

法国

在意自己的身高，总是一副气鼓鼓的样子。口感蓬松细腻。

小巧可爱，醇香强烈，味道独特。口感比栗子更加松软，令人痴迷。相比而言，虽然属于羊乳型，但易于食用。可以放在面包上烘焙成面包干，然后用面包干来做沙拉。这样吃起来的味道更加浓缩、松脆，让您情不自禁地微笑起来。

组合

卢瓦尔河地区的爽口白葡萄酒

非常适合用来搭配桑塞尔葡萄酒。

羊乳型

类型

数据	原料	乳脂肪含量	熟成时间	稀有程度
	无灭菌乳	45%	10 日	A 芝士店有售

切割方法

140

『哥洛亭』在法语里是马粪或者羊粪的意思。

哥洛亭

太气人啦！

人家才不是臭屁屁！

制作过程中外面覆盖着一层霉菌，个头又非常小，看起来有点像粪球。据说名字自此而来。

其实有点像用黏土制作的小灯吧？

就算是灯好了！

悠哉……

在巴黎，哥洛亭沙拉（Crottin Salad）的人气可高了！

放在法式面包上，然后用烤箱烤一下，取出趁热撒在新鲜蔬菜上面的沙拉。

呼呼……

小姑娘，要中暑了。

盖上叶子吧！

用叉子碾碎哥洛亭食用，搭配白葡萄酒的上上之选。

搭配爽口白葡萄酒

水牛乳马苏里拉

DOP

意大利

理想中的那种和蔼可亲的小姐。口感清淡，但有浓厚的汤汁。

众所周知的清爽淡定，充满弹性和柔和的乳香。与前辈迪布法拉坎帕纳（Di Bufala Campana）相比，原材料中的水牛乳更加高级，可以直接感受到水牛乳超乎想象的柔嫩和香浓。吃到嘴里，有种被宠爱的感觉。味道清爽，可以搭配番茄或水果一起食用。

组合

坎帕尼亚大区的爽口白葡萄酒

搭配火腿，与甜美的白葡萄酒一起品尝。

新鲜型

类型

适当

切割方法

	原料	乳脂肪含量	熟成时间	稀有程度
数据	🐂	52%	无	Ⓐ 芝士店有售

142

松软

软糯，加热以后质地变得口感更加丝滑。

丝丝哦。吃进嘴里筋道十足。用力拉开，会拉

在意大利，人们说到拉丝状芝士时，会用水牛乳马苏里拉当作代名词。

轮到你出场了！

到你了？

但是自身意外地没什么存在感……

呜啊啊啊啊啊

是梦。

嘿

可以搭配番茄、桃子、柿子、无花果、草莓、哈密瓜、火腿、豆腐等时令食品。还能加入橄榄油、胡椒粉、调味料一起吃。

好的，OK！

你可真可爱啊！

存在感猛然倍增！

143

圣苏歇尔

AOP

法国

因为其他羊乳型芝士太有个性而充满疑惑的男子。具有优越的酸味、醇香和气味的平衡感。

味道和性格与圣莫尔、瓦郎塞基本相同，但是山羊乳香、酸味、醇厚的平衡保持得非常好。想吃优质羊乳型芝士的时候，从这3款当中选择一定没有错。外观上多少有些区别，我个人最钟爱的就是这一款。

组合

卢瓦尔河地区的爽口白葡萄酒

也可以搭配果香型红葡萄酒。

羊乳型

类型

切割方法

数据	原料	乳脂肪含量	熟成时间	稀有程度
	无灭菌乳	45%	10 天	Ⓐ 芝士店有售

马苏里拉

意大利

常见的治愈系女生。口感清爽润口，受到全世界的追捧。

随着知识的普及，人们对马苏里拉的需求不断增加。但水牛乳马苏里拉的数量却减少了。因此人们大胆地猜想，"用牛乳代替水牛乳行吗？"就这样，牛乳版批量生产的马苏里拉应运而生。口感顺滑流畅，味道清爽，价格适中。可以与番茄一起做卡普里沙拉（Caprese）。轻便可口，可以随时品尝。

组合

爽口白葡萄酒

加热变软以后也很好吃哦。

新鲜型

类型

适当

切割方法

	原料	乳脂肪含量	熟成时间	稀有程度
数据		50%	无	© 随处可见

白芝士

法国

性格纯良，天真无邪的男生。味道清爽，有恰到好处的酸味和香气。

新鲜型

类型

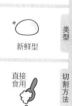

直接食用

切割方法

意为白色芝士。在新鲜型芝士当中，具有最新鲜的口感。有酸味，吃进嘴里感觉完全就是脱水酸乳。食用方法与酸乳基本相同。但是与其叫他为 Cheese（英语）、Caccio（意大利语）、Queso（西班牙语），不如叫他 Fromage（法语）更时髦。

组合

气泡酒   爽口白葡萄酒

数据	原料	乳脂肪含量	熟成时间	稀有程度
	🐄	0~40%	无	Ⓑ 偶尔可见

搭配爽口
白葡萄酒

哈罗米

塞浦路斯

几乎始终面无表情的迷之少女。耐热。独特的口感让人爱不释手。

拉伸的时候，芝士纤维能被拉长很多。但是烤了以后，既不会拉丝，也不会熔化，真是一款奇怪的芝士。人们利用这种特性来制作烤芝士、炒芝士的料理。咬在嘴里嚼劲十足，会带来无穷快感。表面再加一点薄荷叶就更时尚了。

组合

侏罗地区的爽口白葡萄酒

推荐烘焙后品尝。

类型
硬 / 半硬型

数据	原料	乳脂肪含量	熟成时间	稀有程度
		47%	无	A 芝士店有售

切割方法
适当

147

圣莫尔的
卡普里沙拉

材料

- 圣莫尔……适量
- 番茄……1 个
- 橄榄油……适量
- 罗勒叶……适量
- 粗粒黑胡椒……适量

制作方法

① 切 6~8 片 5mm 宽的圣莫尔。

② 切 6~8 片番茄。

③ 在小盘子上交替摆放①和②。

④ 整体浇上橄榄油。

⑤ 撒一些罗勒叶碎末，最后撒粗粒黑胡椒。

菲达橄榄
沙拉

食谱

材料

· 菲达……50g
· 橄榄（无籽）……50g
· 橄榄油……适量
· 自己喜爱的菜叶……适量
· 黄瓜……1/3 根
· 番茄……1/2 个
· 莴苣叶……2 ~ 3 片

制作方法

① 将菲达切成 1cm 的小块。
② 把菲达和橄榄放入塑料容器中，然后倒入橄榄油，直到覆盖所有食材。
③ 把切成薄片的大蒜、盐、黑胡椒粉（分量外）和自己喜欢的菜叶放进②中，腌制一晚。
④ 将黄瓜和番茄切成小块，并与腌制好的菲达和橄榄混合。
⑤ 把撕碎的莴苣叶放在盘子上，然后倒入④中。

马苏里拉冷豆腐

材料

· 马苏里拉……1 个
· 自己喜欢的食材（小葱、苏子叶、姜末、鲣鱼屑等）……适量
· 拌面汁……适量

制作方法

① 将马苏里拉切成 1cm 宽的小片。

② 盛进盘子里，把上述食材摆放在上面。

③ 倒入少量拌面汁。

第3节

搭配酒体
中等型
红葡萄酒的芝士

芝士和红葡萄酒

代表品种

- **梅洛（Merlot）**……………… 涩味、酸味都不明显，酒体柔和。

- **桑娇维塞（San Giovese）** 久负盛名，涩味与酸味的比例超群。

- **马尔贝克（Malbec）**……… 拥有黑加仑和紫罗兰的香气，涩味恰到好处。

埃德姆

荷兰

　　外面包覆着一层红蜡，就像秋天的大苹果一样让人爱不释手。因为采用无外皮、不接触空气的工艺制成，在没有极特殊影响因素的情况下，味道能保持稳定。芝士的味道浓郁，适合搭配有水果香气的红葡萄酒。熟成后的芝士可以削成粉末品尝。

组合

酒体中等型红葡萄酒

与清爽的红葡萄酒或辣口白葡萄酒都很搭配。

类型

硬 / 半硬型

切割方法

削末

	原料	乳脂肪含量	熟成时间	稀有程度
数据		40%	120 天	B 偶尔可见

埃德姆的红色外皮靓丽抢眼，但其实是一层蜡。

那可不能吃。

会拉肚子的

？

刚刚熟成的时候，还有少许酸味，散发着黄油一样的香气。

黄油

醋

你是天才吗？

黄油

醋

沙拉——

你撒的是什么啊？

完全熟成结束的芝士，多数都削成粉末食用。

另外……红色蜡皮是用来出口用的，在荷兰国内销售时均为黄色蜡皮。

好狡猾！！

我也想出国啊！

这就出发啦！

据说以不同的颜色区分，是为了对出口商品进行更严格的品质管理。

155

马背

DOP

意大利

　　用绳子捆着的葫芦形芝士。口感柔嫩多汁，烘焙以后会拉长。水分含量较少，味道类似于浓缩了的马苏里拉，但气味更浓烈一些。最近流行稍微烤一下再吃。随着时间的推移，颜色渐渐变深，口感也更加锋利辛辣。烟熏之后颜色更深，会有种炊烟的味道。

组合

意大利南部的中等型红葡萄酒

切成 1cm 左右的薄片，然后沾上小麦粉烤一下味道更佳。

类型

新鲜型

切割方法

适当

数据	原料	乳脂肪含量	熟成时间	稀有程度
	🐄	38%	15天至2年	B 偶尔可见

马背芝士，原本的意思就是『马乳芝士』。

特点是圆润的葫芦形外观。

哈哈哈哈

2个1组，用绳子系好吊起来，等待干燥和熟成。看起来好像跨在马上一样。

用小炒锅稍微烤一下，口感酥脆，品尝起来更有乐趣。

呼噜　呼噜

没有异味。

要化了啊

熏制以后的风味别具一格。

随着熟成的进展，颜色从乳白变为暗黄，味道更加犀利。

157

僧侣头

瑞士 AOP

瑞士

沉默寡言的虔诚修道士。味道浓厚而质朴。需要用专用刀具削成薄片以后食用。

其实，食用这款芝士需要搭配专用的旋转花刀才算完美。使用这款工具，才能大量削出似刨花、如荷叶般的完美芝士片。这种芝士片被称之为"天使的翅膀"，这不仅因为其外观和口感都堪称完美，也因为香气在空气中洋溢，很容易让人犹如沉浸在幸福之中。

组合

侏罗或萨瓦地区的中等型红葡萄酒

与芳香型白葡萄酒也很搭调。

硬 / 半硬型

类型

数据	原料	乳脂肪含量	熟成时间	稀有程度
	无灭菌乳	51% ~ 54%	75 天	A 芝士店有售

芝士加热机

切割方法

『tete de moine』就是僧侣的头的意思

这个……

当时，教会把芝士的制作方法教给了小作坊的农民，以此按修道士的人头数换取芝士的分量。

重量约为 1kg。

就用这个削。

转来转去。就这样。

然能转啊。

那个竟

这是专用工具，能削出薄薄的花瓣一样的芝士片。

大吃一惊

这个……有什么可在意的吗？

不仅仅是为了装帅吗？

倒是很想看看削片的样子？

入口即溶的口感和洋溢在四周的香气，是僧侣头独有的特点。

吗？唉！行吗？你没事吗？

哇啊啊啊啊！

没事……

159

山谷拉克莱特

瑞士 AOP

瑞士

生于阿尔卑斯的开朗少女。由于其充满野性的香气和味道，所以独享众人的宠爱。

这款芝士的意思直译过来是"削下来"。放在暖炉或加热器旁边，让断面变软，然后用刀把变软的地方切下来，拌着煮土豆、面包、香肠、蔬菜一起吃。味道可谓是芝士绝品中的绝品。在拉克莱特大流行的时候,只要在网上搜索"Raclette"或"船桥"，搜索引擎显示的第一条就是笔者的店铺。当时，人多得可真像过节一样啊。

组合

瑞士的中等型红葡萄酒

搭配果香白葡萄酒也很不错。

	原料	乳脂肪含量	熟成时间	稀有程度
数据	无灭菌乳	50%	3个月	A 芝士店有售

硬 / 半硬型　类型

熔化　切割方法

161

红酒山羊乳

浸渍在榨干的红酒酒糟里制成，需要清洗很多次。但即便如此，被浸泡出来的红酒香还是浓厚到让人欣喜若狂。虽然我不排斥山羊乳的味道，但成品芝士的口感更倾向于果香，再难感觉到"山羊感"。外表面的酒红色和里面的乳白色形成鲜明对比，嚼劲让人喜欢到停不下嘴。

组合

穆尔西亚自治区的
中等型红葡萄酒

请搭配有果实感的葡萄酒！

拥有酒脱果敢的性格。散发着水果一般的红酒香和酸味。

DOP

西班牙

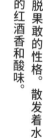

羊乳型

类型

切割方法

数据	原料	乳脂肪含量	熟成时间	稀有程度
		45%	6周	A 芝士店有售

这就开始冲水了。

好的。

今天也还是这款颜色吗？

美发沙龙 Vino

这个长长的名字里，『vino』的意思其实是『红酒』。

经过高达4℃的高湿度红葡萄酒的洗浸，表面形成了鲜艳的酒红色。

您辛苦了！

对了，Murcia的意思是熟成过程中接受了红酒的沐浴。

咔嚓

好了，完工！

外表面和里面的搭配优美柔和。

Murcia先生的皮肤白，确实很会喝红酒色的发色。

味道浓厚，有点类似酸乳酪。

大家都这么说。

蓝白毛毛

德国

白霉菌和青霉菌的混血儿。乳香十足，味道适中，适合刚刚接触青霉菌型芝士的人。

由"既想要白霉菌，又想兼顾青霉菌"的贪吃鬼（没错吧）设计出来的混血儿芝士。在味道方面，清淡爽口，很明显是白霉菌的口感占了上风。所以在早餐时吃也完全没问题。搭配德国白啤酒或略带酸味的德国面包，让您不由感叹道"啊！这就是德国人的生活"！

组合

芳香型
白葡萄酒

中等型
红葡萄酒

	原料	乳脂肪含量	熟成时间	稀有程度
数据		70%	2个月	Ⓑ 偶尔可见

青霉菌型

类型

切割方法

164

蓝白毛毛，诞生于法国和意大利之间的德国，味道如您想象般平衡迷人。

古贡佐拉　意大利

卡曼贝尔　法国

蓝白毛毛　德国

名如其人，是卡曼贝尔和古贡佐拉的混血儿。

表面看起来是白霉菌型，但里面看起来却是青霉菌型。

嗯！香肠的话，能吃个100来根吧。

看起来温柔可人，实则意外地辛辣刺激。

辛辣刺激与乳脂肪成分所具备的柔滑口感完美结合在一起。

虽然是青霉菌型，但也很温柔呢。

刚开始尝试蓝纹芝士的人，可以搭配葡萄干面包一起品尝。

165

DOP

意大利

貌似不良，但实则纯良的反差萌男子。香气独特，口感顺滑。

几乎均为工厂制作。当采用传统农家制作手法的时候，首先要用手涂上青霉菌，然后再用盐水洗，多次重复这种复杂的流程以后，放在山里等待其自然熟成。因此别称为"大山的味道"，是一款非常贵重的芝士。质地软糯，味道柔和，常被用于意大利料理。也被用于当地的瓦尔塔诺松露。

组合

伦巴第大区的中等型红葡萄酒

也能与意大利北部产的芳香型白葡萄酒组合。

类型

洗浸型

切割方法

数据	原料	乳脂肪含量	熟成时间	稀有程度
		48%	40 天	A 芝士店有售

166

杰拉德

法国

高科技的产物，拥有不老之身。在超市经常可以看到他。

　　含有乳油洗浸、卡曼贝尔、蓝纹这 3 种芝士，被芝士美食家尊称为杰拉德。虽然批量生产始于制作蒸馏食品的窑洞中，而且保质期长，但是味道足够美味。由于其独特的个性，保质期可达半年至 1 年。可以说，这是一款物美价廉的珍宝级芝士。

组合

中等型红葡萄酒

非常百搭，适合大部分葡萄酒，可视情况搭配各款葡萄酒。

青霉菌型
白霉菌型　洗浸型

类型

切割方法

	原料	乳脂肪含量	熟成时间	稀有程度
数据		50% ~ 59%	无	© 随处可见

斯卡莫扎

意大利

酷似马背芝士的褐色女子。拥有温柔的熏香气和像鱿鱼一样的口感。

　　简单来说，就好像是烟熏过的马苏里拉或马背芝士一样。您能想象得到那种美味吗？配合着那种有节奏的咀嚼，越嚼越香。用小煎锅略微烘焙一下，就会像烟熏鱿鱼一样可口。有条件的话，可以尝试用小麦秆熏制哦。

组合

意大利南部的中等型红葡萄酒

经过烟熏，可以搭配啤酒。

新鲜型 类型

适当 切割方法

数据	原料	乳脂肪含量	熟成时间	稀有程度
	🐄	45%	无	Ⓐ 芝士店有售

杰克斯蓝纹

AOP

法国

心地善良的大个子肌肉男。散发着一种坚果的香气，味道柔和。

　　每次听到客人说"虽然不太喜欢青霉菌型，但杰克斯蓝纹还是挺好吃的"时，我就忍不住暗自窃喜。虽然是青霉菌型，但水分含量少，质地坚硬。常在被熔化后用在芝士火锅等各色料理中。也被称为蓝调拉克莱特。坚果感和隐约的苦味让人上瘾。

组合

侏罗地区的中等型红葡萄酒

适合搭配重口红葡萄酒和甜口白葡萄酒。

类型

青霉菌型

熔化

切割方法

	原料	乳脂肪含量	熟成时间	稀有程度
数据	无灭菌	50%	3 周	Ⓢ 非常少见

169

利瓦若

AOP

法国

拥有强烈爱国主义精神的女军人。具有浓烈的香气，适合洗浸芝士的拥护者。

味道非常强烈。强烈！是的，我说的就是那种强烈的臭味。是洗浸型芝士爱好者的心头好。但口感柔和，味道和口感的强烈对比（简直……无法形容）令人面红耳赤。最初为了防止变形，用苇草叶包裹起来。现在苇草叶变成了单纯的装饰品。可以一边吃，一边感悟历史的氛围。

熟成的程度越高，越适合搭配重口红葡萄酒。

组合

法国北部的中等型红葡萄酒

洗浸型

类型

切割方法

数据	原料	乳脂肪含量	熟成时间	稀有程度
		40%	3周	芝士店有售

拉克莱特

瑞士

对阿尔卑斯充满向往的都市少女。超级适合搭配水煮蔬菜，口感润滑。

生活在阿尔卑斯山脚下的少女海蒂，不是常在暖炉旁边熔化大块头的芝士，然后涂抹在面包上，鼓起腮帮子大快朵颐嘛。这个深入人心的芝士就是拉克莱特。现在，也可以买到薄片款，以便没有暖炉的家庭食用。用煎锅或三明治机熔化以后，拌着土豆等煮熟的蔬菜一起吃，是孩子们无法拒绝的味道。

组合

中等型红葡萄酒

与口感顺滑的葡萄酒百搭。

	原料	乳脂肪含量	熟成时间	稀有程度
数据	🐄	50%	3 个月	© 随处可见

类型	硬／半硬型
切割方法	熔化

马鲁瓦耶

AOP

法国

口头禅是『在我们比利时……』是一位情商堪忧的男子。香气浓烈，中间部分味道平和。

诞生于法国与比利时的国境附近，所以才能与强劲的比利时啤酒势均力敌。味道与同为洗浸型的门斯特类似。但毕竟"门斯特 + 琼瑶浆（Gewürztraminer）"才是绝配组合，所以可能还是略有差异……

组合

法国北部的中等型红葡萄酒

在当地，内行一定都搭配比利时啤酒一起食用！

洗浸型

类型

切割方法

数据	原料	乳脂肪含量	熟成时间	稀有程度
		45%	5 周	A 芝士店有售

第**4**节

搭配
芳香型
白葡萄酒的芝士

芝士与白葡萄酒

代表品种

● **霞多丽** ⋯⋯⋯⋯⋯⋯ 在寒冷的国度让您联想到柠檬，在温暖的国度让您感受到热带风情。

● **维尼耶** ⋯⋯⋯⋯⋯⋯ 好像白色的花香，充满独特的水果气息。

● **琼瑶浆** ⋯⋯⋯⋯⋯⋯ 香气强烈，像荔枝、似香水。

硬质芝士中的 S 级。浓厚的乳香与坚果气息，使空气中充满绵绵不断的香气。

是的，长期熟成的孔泰，地位绝对至高无上。浓厚的醇香在唇齿间流淌，坚果香气超乎想象，只要小小一块，就能让香气久久不散。但凡有机会尝一次这样的魔法小方，就能奠定芝士这一个品种在你心目中的概念。但请尽量回避无皮（rindless）款式，应该以熟成 12 个月以上的款式为优选款。

组合

侏罗地区的芳香型白葡萄酒

与黄葡萄酒（Vin Jaune）搭配是绝配！

硬 / 半硬型

类型

骰子状

切割方法

	原料	乳脂肪含量	熟成时间	稀有程度
数据	无灭菌乳	45% ~ 54%	120 天	B 偶尔可见

在法国是产量最多、最受拥戴的芝士。

寒冷的孔泰地区诞生、长期越冬保存的硬质大山的芝士。是在法国最诞生。

历经了严苛的审查。

我？可以吗？

就是您了！

得分最高的芝士，才有资格缠上绿丝带，被冠以『孔泰・特级（Conte Extra）』的称号。

如果未达标，则被冠以格吕耶尔干酪的名字销售。

※ 与瑞士的格吕耶尔有所区别，请注意区别。

孔泰兼具强烈的甜味和香味，特别是熟成后的孔泰，具有超乎寻常的强烈味道。

芝士月刊

特级：孔泰

芝士全书

孔泰

如果能入手12个月以上的熟成芝士，请务必搭配白葡萄酒品尝一下。

175

圣安德烈

为了迎合美国人口味，以超浓厚黄油为基调做成的芝士。外皮蓬松。虽说是白霉菌型，但因为添加了鲜乳油而导致乳脂肪含量达到了呼之欲出的程度。另有"至尊芝士""众神的嬗变"等姐妹款。食用的时候，留香持久，真的超级美味。

法国

仿佛生活在梦幻世界中的萌系女子。黄油一般的质地，令人心醉沉迷。

组合

芳香型白葡萄酒

跟咖啡和红茶也很搭。

白霉菌型

类型

切割方法

	原料	乳脂肪含量	熟成时间	稀有程度
数据		75%	无	B 偶尔可见

177

想象中的芝士，无外乎就是这个样子。高达是混合芝士的原材料之一。市面上的主流产品为无皮（rindless）款，但如果可能，请尽量选择带皮款。经过 12 个月的熟成期以后，高达的成分大幅度浓缩，演变出一种枫糖浆的口感。个人认为"相当美味"。

组合

芳香型白葡萄酒

熟成后也可搭配重口红葡萄酒。

数据	原料	乳脂肪含量	熟成时间	稀有程度
	🐄	48%	30 天	Ⓒ 随处可见

搭配
芳香型
白葡萄酒

高达

荷兰

为朋友两肋插刀的三好青年。味道醇正，在世界各地备受喜爱。

硬 / 半硬型

类型

切割方法

178

我是高达。作为荷兰芝士的代表，与埃德姆一起来到日本。

大家好

味道和气味里毫无异味。在日本一提起芝士，大家首先想到的就是高达。

说到芝士的话……

沙沙沙

高达

对于日本本土生产的芝士来说，十有八九都是以高达为样本研发的。

有好多好多的高达

就别具一格了。

但是，一旦熟成以后，高达

不错，声音棒棒的！

哈？

吧唧吧唧

芝士工匠通过拍打高达的声音来分辨熟成进度。

完成了熟成过程的高达质地紧致，甘甜程度堪比枫糖浆。

我是……高达！

炯炯有神……

门斯特

AOP

法国

这款芝士真的是又臭又香。作为洗浸型芝士，采用的发酵菌与纳豆菌同源，所以多少有些纳豆臭。但只要放进嘴里，臭臭的气味就会消失，只留下丝滑流畅的味道在嘴里游荡。只要看到外皮的那丝橙色，就不由得垂涎三尺了。

有超能力的修道女。外皮香气浓烈，中间部分乳香气十足，易于食用。

类型

洗浸型

组合

中等型
红葡萄酒

阿尔萨斯地区出现的芳香型白葡萄酒（以琼瑶浆为最佳）

切割方法

	原料	乳脂肪含量	熟成时间	稀有程度
数据	🐄	45%	2周	Ⓑ 偶尔可见

走起。

嘭

这是什么啊？

疼——

在叫啊！

啊，太抱歉了——是我们这边的小孜然！

看起来可爱的同时，味道强劲。但是放进嘴巴里丝毫没有怪味，全部都是柔滑的味道。

太失礼了！

我可不能把小孜然丢在这里啊！

小孜然

最开始的时候，是由修道士制作的，所以被命名为『修道院』门斯特。

是……门斯特说……

与琼瑶浆等口感丰盈的白葡萄酒搭配是绝配。

难道……

买点冰激凌吗？

闻

咦，这个香味……是孜然？

与孜然搭配味道绝佳，所以有些卖场会与芝士放在一起销售。

去买点冰激凌

便利店

181

格拉纳·帕达诺

DOP

意大利

托帕尔玛芝士的福，是不为人知的强大派。香气类似于发酵黄油，入口有颗粒感，味道香浓。

这么说吧，它算是帕尔玛芝士的通俗版。虽然香气和味道略有逊色，但胜在十足的破坏力和美味冲击力，以及适中的价格带来的超高性价比。在意大利，格拉纳帕达诺有绝对的市场占有率。可惜的是，格拉纳帕达诺当中含有蛋白成分，所以对蛋白过敏的人只能敬而远之。在笔者的店里，这也是一款常备的试吃品。

组合

意大利北部的芳香型白葡萄酒

也可搭配清爽型红葡萄酒。

硬 / 半硬型

类型

骰子状
削末

切割方法

数据	原料	乳脂肪含量	熟成时间	稀有程度
	无灭菌乳	32%	9个月	Ⓑ 偶尔可见

183

意大利最古老的芝士。作为历史最为悠久的咸味芝士，直接食用的话应当搭配烈性酒。如果削末使用，最适合用于沙拉的调味料。同样适用于老少皆宜的培根蛋酱意大利面（Carbonara），只要再加一点厚切培根就能端上正餐餐桌了。

组合

托斯卡纳或撒丁岛的芳香型白葡萄酒

香味强烈，可搭配果渣白兰地酒。

佩科里诺

DOP

意大利

地道的意大利高富帅。含盐量较高，常被用来作调味料。

硬 / 半硬型

类型

骰子状

削末

切割方法

数据	原料	乳脂肪含量	熟成时间	稀有程度
	🐑	36%	4个月至1年	Ⓑ 偶尔可见

184

185

PDO

英国

应该没有人不知道切达芝士。但这款非常少见的切达则有点另类。生产厂商一边尽力保留切达芝士的风格，一边花费工夫增加了堆酿的工艺，精心而细致地制作出这款芝士。口感松软，味道上乘，质地细腻，小小一口就能让人赞不绝口。

组合

芳香型白葡萄酒

可以尝试与苏格兰威士忌搭配。

	原料	乳脂肪含量	熟成时间	稀有程度
数据	🐄	48%	9个月	Ⓢ 非常少见

类型

硬 / 半硬型

切割方法

切达诞生于英国，就是那款经常被夹在三明治里的芝士。

但所谓真正的切达，并非来源于真空包装的红切达和白切达。

在英国，有这么一个叫作西部乡村农家的团体。

在这里，运用传统的手工艺技法制作正统切达。

随后，业内以这款切达为模板，开始在全世界批量生产。

嗯嗯……

芝士全书

莫尔比耶

AOP

法国

生活在孔泰阴影之下，视孔泰为竞争对手。黑色线条令人印象深刻，是味道优雅的男子。

原本是制作孔泰的工匠们利用剩余的牛乳做出来留给自己吃的芝士。就像是渔夫们的碎鱼肉盖浇饭一样。但味道无可挑剔。为了防虫，先在表面撒满木炭粉，然后再等待其固化。第二天，工匠们还是会把相同的芝士块摆放在上面，所以成品芝士里面会留下黑色线条。现在批量加工出来的产品里虽然也有黑色线条，但不过是个念想而已。味道接近孔泰，但更加柔和。

组合

侏罗地区的芳香型白葡萄酒

清爽的红葡萄酒也是一种选择……

类型

硬 / 半硬型

切割方法

骰子状

数据	原料	乳脂肪含量	熟成时间	稀有程度
		45%	45 天	A 芝士店有售

莫尔比耶的老家跟孔泰的老家是一个地方。

老乡～❤

那关系应该不错吧。

工匠们用制作孔泰剩下来的牛乳，做了些自己吃的芝士，这就是莫尔比耶的由来。

※ 现在只是装饰品，没什么味道。

分成2锅固化，所以中间会留下了驱虫用的木炭粉的线条。

你们相提并论。

不要把我

关系才不好呢！

哎哟哟

哼

比孔泰的味道更清爽，适合搭配芳香型白葡萄酒。

还生气了……

蓬松的乳香非常诱人。

其实是个心地善良的好孩子呢！

咦？

189

辣杰克干酪　　　　　　　科尔比杰克干酪

蒙特利杰克干酪

搭配
芳香型
白葡萄酒

蒙特利杰克

美国

与科尔比杰克和辣杰克是好哥们儿。味道类似柔和的切达。

　　明显的混合芝士味道。美式食品基本上味道粗犷，这一款是芝士味道浓的品种。原味的蒙特利杰克干酪加上调味料以后，就是辣杰克干酪（真的好辣）。而科尔比杰克干酪里面有彩色的大理石花纹，适合用来做沙拉。即使熔化了，大理石花纹还是清晰可见，夹在汉堡包里能形成让人感动的美感。

组合

两者混合在一起的科尔比杰克干酪（Colby Jack）。

美国的芳香型白葡萄酒

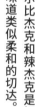
类型
硬 / 半硬型

切割方法

	原料	乳脂肪含量	熟成时间	稀有程度
数据		50%	1个月	随处可见

190

这里是美国……

杰克诞生于产量巨大的工厂流水线上。

叽叽喳喳

叽叽喳喳

叽叽喳喳

经常出现在汉堡包、沙拉等各式食物中。

欢迎光临

您请慢用！

原本味道稳定，口感适中。

加入了调味料以后变身成为辣杰克，那是相当火爆啊！

哼！又来客人了！

还不点菜？

啤酒

咔嚓

咔嚓

191

格吕耶尔

瑞士 AOP

瑞士

孔泰的哥哥。虽然低调，但有一种让人安心的气质。

在瑞士拥有顶级人气。感觉就像口感更加柔和的孔泰，推荐用来制作芝士火锅。不只是这一款，对所有芝士进行脱水的时候，加热温度达到40℃以上则为硬型；温度低于40℃则为半硬型。所以，不能单从"硬/半硬型"的标识来判断芝士本身的软硬程度。话说回来，格吕耶尔可是一款质地较为柔软的芝士呢。

组合

侏罗地区的芳香型白葡萄酒

可以搭配果香型红葡萄酒。

硬/半硬型 | 类型

切割方法

数据	原料	乳脂肪含量	熟成时间	稀有程度
	无灭菌乳	49% ~ 53%	5 个月	B 偶尔可见

芳提娜

DOP

意大利

是格吕耶尔和孔泰的亲戚。在气候严酷的阿尔卑斯长大，身材魁梧。

与法国的孔泰、瑞士的格吕耶尔一样，这原本也是一款越冬保存的大山芝士。如果您正巧有缘选中了芳提娜，请务必与牛乳、黄油、蛋黄一起加热，耐心熬制出意大利版芝士火锅。当这样做出来的芝士汁浇在蔬菜上的时候，您会明白所有的等待都值得。

组合

意大利北部的芳香型白葡萄酒

试一试搭配清爽型的红葡萄酒吧。

类型 · 硬 / 半硬型

切割方法 · 熔化

	原料	乳脂肪含量	熟成时间	稀有程度
数据	无灭菌	45%	3 个月	A 芝士店有售

193

里科塔

里科塔意为"煮两次"。第一次与牛乳一起加热，然后把出锅后的乳清和鲜乳油混合在一起制作的芝士。味道朴素甘甜，口感松软。口感有点类似乳油状农夫芝士，但味道非常清爽。只需浇上一点橄榄油、黑胡椒粉、果酱或蜂蜜，就是一道至尊减肥餐。

组合

清爽型
白葡萄酒

芳香型
白葡萄酒

意大利

喜欢洗澡，可以浮在水面上。有柔和的甘甜和飘逸的乳香。

新鲜型

类型

直接食用

切割方法

	原料	乳脂肪含量	熟成时间	稀有程度
数据	（乳清）	30% ~ 50%	无	**B** 偶尔可见

切达

英国

　　随处可见这款芝士的踪迹。分为红色和白色两款，而红色只是植物性染料而已。味道稳定，完全没有异味。由于其特殊的工艺——堆酿（Cheddaring）的影响，可以感受到"内敛的酸味"，这种感觉与混合芝士很相似。由于其便于使用，常被用于料理材料。

组合

芳香型白葡萄酒

用于搭配三明治食用。

硬 / 半硬型

类型

切割方法

数据	原料	乳脂肪含量	熟成时间	稀有程度
		50%	6个月	© 随处可见

195

里科塔、苹果、火腿沙拉

材料

- 里科塔……30g
- 苹果……1/8 个
- 火腿……3 片
- 核桃……少许
- 莴苣叶……3~4 片
- 橄榄油……适量
- 香醋……适量
- 粗粒黑胡椒……适量

制作方法

① 将橄榄油和香醋以 2 ：1 的比例混合，然后用盐和胡椒粉（分量外）调味，制成酱汁。

② 取 1/8 个苹果，切成 2mm 左右的薄片，将火腿切成易于食用的小块。

③ 核桃稍微碾碎。

④ 将莴苣叶撕碎，放在盘子里。

⑤ 把苹果，火腿和核桃放在④上，然后浇上①。

⑥ 用小勺子把里科塔分别放在 6 份食材的上面。

⑦ 撒上粗粒黑胡椒。

切达芝士
墨西哥饭

食谱

材料

· 切达……根据个人喜好
· 猪肉末……100g
· 洋葱……1/4 个
· 生菜……1/6 个
· 番茄……1/4 个
· 番茄酱……2 大勺
· 辣酱油（Worcestershire Sauce）……1 大勺
· 酱油……1 大勺
· 米饭……适量

制作方法

① 将番茄和切达切成 1cm 的正方形。

② 将生菜切成 1.5cm 左右的丝。

③ 将洋葱切成碎块。

④ 将猪肉末与③放在一起，用色拉油（分量外）翻炒。

⑤ 向④中放入番茄酱、辣酱油、酱油、盐和胡椒粉（分量外），炒熟为止。

⑥ 把切好的生菜放在米饭上，然后放在⑤上。

⑦ 把①撒在⑥上。

竹笋和门斯特

材料

· 门斯特……适量
· 竹笋（可以是水煮竹笋罐头，但更推荐使用刚煮好的竹笋）……适量

制作方法

① 竹笋煮沸，切成便于食用的小块。

② 不要用油，把①放入平底锅中小火慢煎。出现焦黄色以后，
   撒上盐和胡椒粉（分量外）。

③ 取约为竹笋分量一半的门斯特，切成易于食用的大小后与竹
   笋拌在一起食用。

第5节

搭配
酒体饱满型
红葡萄酒的芝士

芝士和饱满型红葡萄酒

代表品种

● **赤霞珠（Cabernet Sauvignon）**····涩味丰富，红酒王道。

● **席勒（Schiller）**·····················味道香浓而厚重。

● **仙粉黛（Zinfandel）**·················经过浓缩，充满紧致的果实感。

莫城布里

AOP

法国

在法国人气很高，称得上是法国芝士之王。莫城布里当中含有经过提炼的浓厚醇香。

　　效仿诺曼底卡曼贝尔，登上了"白霉菌的巅峰"。通常的布里没有异味，但莫城的味道却鲜明而独特，甚至于有点类似洗浸型芝士。哦，对了！有种洋菇的香气。当美味登峰造极时，就会向另一个系列靠近了。只要想起来，就忍不住想吃。

组合

发泡酒
（最好是气泡酒）

法国北部的饱满型红葡萄酒（最好是波尔多）

类型

白霉菌型

切割方法

	原料	乳脂肪含量	熟成时间	稀有程度
数据	无灭菌乳	45%	4周	A 芝士店有售

203

埃波瓦斯

AOP

法国

妖娆艳丽的小姐姐。在芝士的世界中，具有顶级刺激级的香气。

这是一款散发着强烈气味的芝士，被誉为"神仙的臭脚丫"。绝赞！但绝不能把这款芝士妖魔化，只能恭敬地把她描述为"个性特别强烈"。先盛进勺子里，小小口地品尝一下吧。感受丰盈的味道、有冲击力的气息、柔嫩的口感。下次再也不想吃了？嘴巴硬，可是身体很诚实。

组合

勃艮第地区的饱满型红葡萄酒

试着搭配一下新世界黑皮诺和马尔吧。

洗浸型

类型

切割方法

数据	原料	乳脂肪含量	熟成时间	稀有程度
	🐄	50%	4周	Ⓐ 芝士店有售

205

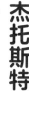

挪威

褐色皮肤的少女，有一小群狂热的粉丝。味道类似咸味枫糖浆。

没有广泛流行这事儿，真是不可思议。味道令人难忘。把熬制好的牛乳清与牛乳、山羊乳混合在一起，味道和口感非常类似咸味枫糖浆。虽然没有糖的成分，却有天然的甜美口味。对于尚不了解芝士魅力的客人，我总是毫不犹豫地推荐这一款。

组合

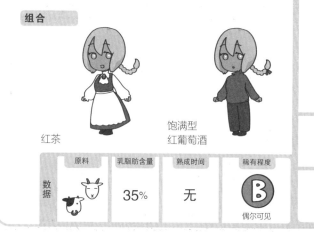

红茶

饱满型
红葡萄酒

新鲜型

类型

切割方法

数据	原料	乳脂肪含量	熟成时间	稀有程度
	🐄🐐	35%	无	Ⓑ 偶尔可见

207

曼彻格

DOP

西班牙

甘甜味道类似羊乳，乳脂肪的味道浓厚。

质地坚硬，口感像鱼糕一样紧致，乳脂肪含量高，微酸。独有的异国情调让人爱不释手。如果搭配西班牙出产的红葡萄酒一起品尝，微醺之间仿佛身处西班牙一样愉悦。最初使用草叶包裹成型，现如今也沿用当时的模样制作，款式时尚。在小说《堂吉诃德》中也出现过。

组合

拉曼恰地区的饱满型红葡萄酒

与丹魄（Templanillo）类的红葡萄酒搭配是绝配！

硬 / 半硬型

类型

切割方法

数据	原料	乳脂肪含量	熟成时间	稀有程度
	🐑	50%	2个月	A 芝士店有售

已经被拟人化成为布里三兄弟中的一个。与老大莫城布里相比，味道更加浓烈而刺激。迎面扑来的阵阵气味，被人们比喻成蘑菇和麦秆混合在一起的气味。有人认为，莫伦布里才是老大。作为我个人来说，相信这个说法。因为莫城的名气太大，莫伦的知名度并不太高，很是寂寞啊。

组合

法国北部的饱满型红葡萄酒

适合搭配味道复杂的红葡萄酒。

搭配
酒体饱满型
红葡萄酒

莫伦布里

AOP

法国

布里三兄弟当中的老二，个性最强。味道强烈，类似棕色蘑菇（Brown Mushrooms）。

类型

白霉菌型

切割方法

	原料	乳脂肪含量	熟成时间	稀有程度
数据	无灭菌乳	45%	4周	Ⓐ 芝士店有售

科罗米斯尔

法国

布里三兄弟当中性格最好的一个。口感顺滑，年轻的时候酸味适中。

类型

白霉菌型

切割方法

　　布里三兄弟中的老三。也只有他，可以使用灭菌乳制作。未获得 AOP 认证。但正因如此，村边街角才存在着种类繁多的科罗米斯尔，而且味道随着地域的改变而发生变化。还是寻找一下传说中的正宗科罗米斯尔吧。别忘了，那是使用无灭菌乳制作的农家制品。

组合

法国北部的饱满型红葡萄酒

如果使用灭菌乳制作，推荐搭配中等型红葡萄酒。

数据	原料	乳脂肪含量	熟成时间	稀有程度
	🐄	45%	4周	Ⓐ 芝士店有售

圣内克泰尔

AOP

法国

看起来衣衫褴褛，但其实出身历史悠久的名门世家。散发着霉菌、麦秆和蘑菇的香气。

只能说他个性十足。如果遇到这款芝士，芝士观会一下子变得奇奇怪怪。农家制品，被放在麦秆上完成熟成过程，散发着大叔身上的那种气味。嗯，老人臭。加入了各种霉菌，反而让人判断不出来是蘑菇味还是麦秆味。总之味道很有趣，很可能放进嘴里马上一口喷出来。只适合芝士狂热粉进行品鉴。

组合

奥弗涅地区的饱满型红葡萄酒

搭配味道浓郁的红葡萄酒，效果绝佳。

硬 / 半硬型

类型

切割方法

数据	原料	乳脂肪含量	熟成时间	稀有程度
	🐄	45%	21天	Ⓐ 芝士店有售

卡伯瑞勒斯

DOP

西班牙

生长在洞穴中的野孩子。同时拥有独特的乳香和青霉菌的刺激。

仅限手工制作的蓝纹芝士。基本原材料是牛乳，但在春夏之际也会添加山羊乳，然后放在天然洞穴中熟成。独特的乳香和浓重的青霉菌气息混合在一起，可谓个性强烈。即使是喜爱蓝纹芝士的人，也难免对这款芝士说"抱歉"。如果您能爱上如此特别的味道，那么相信您一定会喜爱西班牙。

组合

西班牙产饱满型红葡萄酒

适合搭配甜口的雪莉酒。

类型

青霉菌型

切割方法

数据	原料	乳脂肪含量	熟成时间	稀有程度
	🐐🐄	45% ~ 50%	2个月	Ⓢ 非常少见

蓝杜宾

AOP

法国

当高人气蓝纹芝士们打架的时候，充当裁判的角色。味道类似坚果，同时散发着青霉菌的刺激。

使用古贡佐拉的青霉菌，按照罗奎福特的制作方法制作，仿佛大老板的秘密武器一样的芝士。市面常见使用灭菌乳制作的款式，味道内敛，易于入口。但偶见使用无灭菌乳制作的款式，那叫一个"粗野"。放在嘴里以后，能感受到猛烈的辣味……这种刺激，容易使人联想到生姜。

组合

奥弗涅地区饱满型
红葡萄酒

可以尝试搭配各种甜口葡萄酒。

青霉菌型

类型

切割方法

数据	原料	乳脂肪含量	熟成时间	稀有程度
	🐄	50%	4周	Ⓑ 偶尔可见

蓝纹干酪

AOP

法国

很好地调和了被称为『高贵的蓝色』的各种青霉菌。略有咸味。

看起来是如假包换的青霉菌，但味道相当柔和。可以浇上蜂蜜以后，搭配波特酒品尝，是一款平平无奇的贵族餐点。我喜爱青霉菌型芝士，通常在客人犹豫不决、需要扩大备选范围的时候推荐青霉菌型。常以半圆形或月牙形的样子出现。

组合

奥弗涅地区饱满型
红葡萄酒

也可以搭配
波特酒。

	类型
	青霉菌型
	切割方法

数据	原料	乳脂肪含量	熟成时间	稀有程度
	🐄	50%	28 天	Ⓐ 芝士店有售

丹麦蓝纹

虽然也曾经求证过自己的身世，但是现在已经释然了。有青霉菌尖锐的辣味和咸味。

PGI

丹麦

罗奎福特的仿制品。一度被冠以“丹麦罗奎福特”的名字，但被法国本家抗议说“请停止你的表演”……所以改成了现在这个名字。这也是日本超市中最常见的蓝纹芝士。本来味道就很符合北欧芝士的感觉，而且价格便宜。没什么不好的啊?

组合

饱满型红葡萄酒

类型

青霉菌型

切割方法

数据

原料	乳脂肪含量	熟成时间	稀有程度
	50%～60%	2～3个月	C 随处可见

乳油干酪

美国

经常被大家教育说『做自己就好』的微胖少女。味道醇正，完全没有异味。

哎哟哟，拥有超高人气！可以用于各种场合。不管好坏都质地洁白、味道醇正、个性柔和。作为一款被大家熟知的芝士，无论在哪个国家制作方法和用途都基本相同。说起来也许这款清爽一点，那款乳香味重一点，但吃进嘴巴里完全不分伯仲。有混合款和天然款。请放心购买。

组合

饱满型红葡萄酒

差不多可以搭配所有的酒类。

类型		切割方法
新鲜型		适当

数据	原料	乳脂肪含量	熟成时间	稀有程度
	🐄	33%	无	Ⓒ 随处可见

217

布里和火腿的三明治

食谱

材料

· 布里……根据个人喜好
· 法棍面包……1/3 个
· 火腿……3 片
· 莴苣叶……1 片

制作方法

① 将法棍面包切成两半。

② 稍微烘焙一下。

③ 在面包的两个断面上涂黄油（分量外）。

④ 将切好的布里、火腿和莴苣叶夹进去，做成三明治。

食谱

乳油干酪 酒香开胃菜

材料

· 乳油干酪……适量
· 饼干……需要的片数
· 酒糟酱……大约芝士的 1/4

制作方法

① 把乳油干酪涂在饼干上面。

② 把酒糟酱放在上面。

第6节

搭配甜型
白葡萄酒的芝士

芝士与甜口白葡萄酒

代表品种

● 雷司令（Riesling）·········· 产于德国的一种白葡萄酒。酸甜均衡，口感上佳。

● 赛美蓉（Semillon）········· 口感柔和顺滑，有优雅的酸味。

● 莫斯卡托（Moscato）····· 甘甜的气味和味道，喝起来就像清凉的饮料一样。

罗奎福特

AOP

法国

在洞穴中长大的农家少女。咸味明显，有独特的羊乳香气，入口即化。

入口瞬间，就能让您大声呼喊"青霉菌最棒啦"！入口即化，口感丰盈。在蓝纹芝士当中拥有最高级别的乳香。只能在指定洞穴中完成熟成过程，也就是说只有在"秘密洞穴"中才能孕育出的绝佳味道。味道丰富，与甜口苏玳酒是完美组合，金风玉露一相逢，便胜却人间无数。

组合

法国南部的甜型白葡萄酒

适合搭配波尔多的苏玳甜白葡萄酒。

青霉菌型

类型

切割方法

数据	原料	乳脂肪含量	熟成时间	稀有程度
	无灭菌乳	52%	3个月	B 偶尔可见

在这里了。我家就

请进！

作为三大蓝纹芝士的罗奎福特……

真的是洞穴！

直到现在，制作罗奎福特的条件之一，就是要放在洞穴中熟成。

有点热吧？

洞穴中全年保持绝佳的温度和湿度。

啊！是洞穴！

啊！真好看！

曾经有一块芝士被遗忘在牧羊人的洞穴中，后来身上生出了青霉菌。这就是芝士罗奎福特的由来。

洞穴？

呼啸

从洞穴缝隙中吹进来的风。

好像有股霉味。

养育着与众不同的青霉菌——罗奎福特青霉菌。

噼

10℃

啪

223

古贡佐拉·皮坎特　　　　古贡佐拉·多尔切

大家心目中的经典款蓝纹芝士。甜口的多尔切味道柔和，让国民认识到"哦，蓝纹也不错哦"，是实现了蓝纹批量生产的功臣。而辣口的皮坎特味道强烈，适合搭配意大利面、比萨等。这两款都比较高阶，基本无法打动宅男的心。但作为DOP认证款，却价格亲民。

组合

芳香型
白葡萄酒

伦巴第地区的
甜型白葡萄酒

古贡佐拉

DOP

意大利

一个是性格暴躁但是妹妹控的哥哥皮坎特（Picante），一个是经常给暴走兄长拉架的妹妹多尔切（Dolce）。口感顺滑，易于食用。

青霉菌型

类型

切割方法

数据	原料	乳脂肪含量	熟成时间	稀有程度
		48%	2 ~ 3个月	随处可见

224

225

斯特尔顿

PDO

英国

来自英国，是一位玩世不恭的绅士。既有坚果香，又有青霉菌的刺激，令人摸不着头脑。

世界三大蓝纹芝士之一，香气四溢，略有苦味。水分含量少，易碎的质地形成了独特的松散口感，真的太好吃了！不太会发生"吃腻了"的事情，斯特尔顿恐怕是笔者最常吃的蓝纹芝士。是的，超爱的！

组合

波特酒当中的
甜口白葡萄酒

饱满型
红葡萄酒

类型

青霉菌型

切割方法

数据	原料	乳脂肪含量	熟成时间	稀有程度
	🐄	48%	8周	B 偶尔可见

斯特尔顿，其实是一个小村庄的名字。

这里不是斯特尔顿的家乡啊？

但斯特尔顿芝士却并非诞生于此。

其实呀……

哈哈哈哈……

斯特尔顿村的小旅馆主人，在农场里找到了一款蓝纹芝士。万万没想到，他把这款蓝纹芝士卖出去以后，竟大受好评。

斯特尔顿~

帮我看看这里怎么回事！

OK

这款受到伊丽莎白女王褒扬，其魅力在于水分含量少、容易散开。

我去就来。

这是斯特尔顿的保留自我介绍环节。

香味和苦味的比例绝佳，余香酷似蜂蜜的味道。

在英国，人们把斯特尔顿放在煎肉排上，等待其熔化了以后方可入口。

据说睡觉之前吃斯特尔顿，会做奇怪的梦。

227

古贡佐拉
烤口蘑

食谱

材料

· 古贡佐拉……30g
· 鲜乳油……20g
· 口蘑……50g
· 洋葱……1/8 个
· 芝士碎……适量
· 面包粉……适量
· 橄榄油……适量

制作方法

① 将口蘑切成一口大小的小块。

② 将洋葱切片。

③ 在平底锅中倒入橄榄油，翻炒口蘑和洋葱，直到炒熟。加入盐和胡椒粉（分量外）。

④ 关火，加入用手掰开的古贡佐拉和鲜乳油，并轻轻搅拌。

⑤ 将其放在耐热容器中，撒上芝士碎以覆盖整个表面，然后撒上面包粉。

⑥ 用吐司炉烤至焦黄。

罗奎福特
坚果烤面包

材料

· 罗奎福特……20g
· 面包……适量
· 核桃……少许
· 蜂蜜……少许

制作方法

① 将核桃敲碎。

② 将面包切成 1.5cm 左右的厚片。

③ 取适量罗奎福特，放在②的上面。

④ 用吐司炉烘烤。

⑤ 出炉以后，浇上核桃碎和蜂蜜。

第**7**节

搭配气泡型白葡萄酒的芝士

芝士与发泡酒

代表品种

● **香槟** ·································· 特点是有非常细腻的泡沫。

● **卡瓦（Cava）** ························ 味道优雅，足以与香槟匹敌。

● **蓝布鲁斯科（Lambrusco）** ······ 红色的泡泡，回味好，爽口。

● **葡萄牙青酒（Vinho Verde）** ··· 来自葡萄牙的青色葡萄酒，酒精含量低的微发泡酒。

搭配
气泡型
白葡萄酒

查尔斯

AOP

法国

平时安静沉稳，但偶尔也会露出凶相。拥有顺滑的口感和强烈的酸咸味道。

在白霉菌当中，这是一款比较任性的芝士。味道浓烈，兼具咸味和酸味，刺激程度让人大吃一惊。哦，对了！有点像蘑菇的气味。这些要素综合在一起，适合白霉菌高阶人群品尝。"查"意为猫，"尔斯"意为熊。所以包装上经常会出现猫和熊的卡通图案，非常可爱。

组合

中等型
红葡萄酒

香槟区的
气泡酒

白霉菌型

类型

切割方法

数据	原料	乳脂肪含量	熟成时间	稀有程度
	🐄	50%	15 天	Ⓐ 芝士店有售

嗓！

真是吓死我了！

呜哇啊啊啊啊，

原来是查尔斯啊。

什么都看不见啊！

嗯？

……今天的雾可真大。

吓一跳

如果你脑海中有卡曼贝尔或布里的印象，那么查尔斯的强烈味道一定会让你大吃一惊。

怎么样，吓一跳吧！

咸味和酸味明显，味道类似洗浸型芝士，散发着蘑菇的气味。对于芝士美食家来说，想必会爱不释手吧。

要是搭配当地产的香槟，又会产生崭新的乐趣。

所以这是为什么啊！

咕噜咕噜咕噜

朗戈瑞斯

AOP

法国

看起来心情不太好，但其实也并没有怎么样。拥有动人的丝滑霜质口感。

遍布皱纹，扁扁的一块，中间凹陷，倒是也挺性感的。可以泡在香槟里，放进冰箱里继续追熟一晚。可能有人会大叫说太可惜啦！但这才是正确的朗戈瑞斯食用方法啊。这样一来，海胆的感觉会进一步增加，浓厚的味道绕在舌尖久久不会散开。

组合

中等型红葡萄酒（也可搭配橙香葡萄酒）

香槟区的气泡酒

洗浸型

类型

切割方法

	原料	乳脂肪含量	熟成时间	稀有程度
数据		50%	15 天	芝士店有售

那是朗戈瑞斯。

算了，扎起来吧！……

哈！头型没恢复过来……

朗戈瑞斯的表面有流水涟漪一般的凹凸。

因为熟成过程中忘了翻面了。

明明是早晨起来以后冲的凉……

可别再出现这种奇怪的头型了……

据说只有当地人，才会采用倒香槟使其熟成的制作工艺。

话说回来，转学生，你怎么在这儿？干吗呢？

只是路过啊！

是吗？

哈

啊

假装看不见

在得到了 AOP 认证以后，迅速地传遍了全世界，据说人气很高。

纽夏特

AOP

法国

永远向周围播撒爱意的强势女子。外形可爱，咸味浓烈。

有 6 种形状，其中心形款式最受欢迎。据说还被用来作情人节的礼物，是不是超级浪漫。虽然形状够浪漫，但毕竟是能让孩子停止哭泣的诺曼底白霉菌型，轻轻舔一口就能感觉到强烈的味道，还是要小心哦。要是不符合收礼物人的喜好，一颗真心被弃之不理可就麻烦啦。

组合

苹果酒

法国北部的
气泡酒

类型

白霉菌型

切割方法

数据	原料	乳脂肪含量	熟成时间	稀有程度
		45%	10 天	A 芝士店有售

236

237

可爱的马蹄形代表着幸运。把瓦伦卡赠送给即将出门迎战的人，是一件多么讨喜的事情啊。含有鲜奶油，初尝时味道柔和，但咸味强烈，后劲十足，是充满个性的"乖小孩"。对于入门者来说，也是可以接受的款式。

组合

气泡酒

可以搭配富有果香的红葡萄酒。

搭配
气泡型
白葡萄酒

瓦伦卡

法国

命运的宠儿，常遇到奇迹般的幸运。味道类似于浓厚的黄油味，咸味较重。

白霉菌型

类型

切割方法

	原料	乳脂肪含量	熟成时间	稀有程度
数据	🐄	70%	无	**B** 偶尔可见

恭喜~！！

瓦伦卡的形状就代表着幸运。在法国，人们习惯在欢庆时相互赠送瓦伦卡。

瓦伦卡，你也来啦！

不仅是由头好，看起来形象也不错。

在派对上，无须切开。跟苹果一样，整个端出来。

哇哦

哇哦

无法逃脱幸运的宿命啊……

嘿嘿……后面的味道更浓重一些，拥有一种非凡的魅力。

还有这样的活动啊！

口感适宜。

真不错呢……

马斯卡彭

意大利

味道柔和，口感软绵，好像发泡奶油一样的芝士。是提拉米苏的专用款。甜度适中。可以涂在小饼干或水果上，也可以浇上满满的蜂蜜，还可以撒在比萨上，甚至可以直接用勺子盛起来吃，她就是这么百搭无敌！

在提拉米苏界一战成名的甜美系女子。与水果搭配味道绝佳。

组合

气泡酒

非常适合搭配浓咖啡品尝。

类型

新鲜型

切割方法

	原料	乳脂肪含量	熟成时间	稀有程度
数据		60%	无	Ⓑ 偶尔可见

直接食用

播音室

这款芝士名称的由来，据说是西班牙语『绝品（Maskebueno）』的变形。

马斯卡彭，就是 Maskebueno 吧！

讨厌，没有那样的事情

完全没有异味，对混合芝士有所抗拒的人也可以平静接受。

您辛苦了！

平时可以直接涂在面包上食用。可以体会与黄油不一样的风味。

我来替您上一个白班直播吧！

黄油

口感顺滑，甘甜宜人，入口即化，宛如甜品一般。

啊，好的……

大家好，我是马斯卡彭！

要是与古贡佐拉·多尔切组合在一起，就是古贡佐拉·多尔切·马斯卡彭芝士。

我是多尔切！

241

布里亚萨瓦兰

IGP

法国

白富美，备受喜爱的完美女孩。甘甜口感宛如蛋糕一样。

用美食家的名字冠名，但并不是这位美食家制作的。味道就像芝士蛋糕一样。正因为了解自身特点，所以经常在包装中搭配水果干。味道简单美味，最适合用来搭配咖啡和红茶。熟成后更具有白霉菌感的 Affine 芝士，可以用来搭配气泡酒。

组合

气泡酒

可以搭配咖啡、红茶试试看。

新鲜型

类型

切割方法

	原料	乳脂肪含量	熟成时间	稀有程度
数据	🐄	72%	无	Ⓐ 芝士店有售

众神的嬗变

反正面画着天使图案的椭圆形包装超可爱！意为"众神的嬗变"，但其实味道并没有那么任性。含有鲜奶油成分，入口瞬间，内心深处的"小朋友"会忽然觉醒。准备喝玫瑰酒或博若莱红葡萄酒的时候，千万别忘了这款芝士。

法国

有点异想天开，但总能让事情向好的一面发展的幸运女子。整个氛围浓厚而柔和。

组合

轻盈型
红葡萄酒

气泡酒

	原料	乳脂肪含量	熟成时间	稀有程度
数据	🐄	60%	约2周	Ⓑ 偶尔可见

类型

白霉菌型

切割方法

这个可是真的好吃。只是脱脂了而已，就完全能满足食客"清爽和健康"的目的。富含蛋白质和矿物质，但脂肪含量仅为普通芝士的 1/3 左右。与里科塔和马斯卡彭一样，不可以直接食用。可以搭配沙拉、水果、意大利面和比萨。

不易胖体质，令人羡慕的纤细男子。性格过于柔和，反而让人无法忽视。

组合

气泡酒

基本可以搭配所有的饮品。

新鲜型

类型

直接食用

切割方法

数据	原料	乳脂肪含量	熟成时间	稀有程度
	🐄（脱脂乳）	20%	无	Ⓒ 随处可见

马斯卡彭红豆吐司

材料

- 马斯卡彭……个人喜欢的分量
- 面包片……1 片（自己喜欢的厚度）
- 小仓红豆（罐头也可以）……个人喜欢的分量

制作方法

① 把面包片用吐司炉加热。

② 涂满足够量的小仓红豆。

③ 把足够量的马斯卡彭放在上面。

百搭芝士食谱

让芝士美味发挥到极致的

沙拉

食谱

材料

· 自己喜欢的芝士……适量
· 自己喜欢的绿叶蔬菜（例如罗马生菜、卷心菜、娃娃菜等）
· 自己喜欢的水果（例如桃子、柿子、无花果、苹果、草莓、金橘等）
· 橄榄油……适量
· 香醋……适量
· 粗粒黑胡椒……适量

制作方法

① 把橄榄油和香醋按照 2 ：1 的比例混合在一起，加入椒盐（指定分量外），做出油醋汁。

② 菜叶撕开，盛进盘子里。

③ 把切好的水果和芝士放在②上，均匀地浇上调料汁和粗粒黑胡椒。

※ 如果选用硬型芝士，应当切成薄片食用。
※ 用手快速搅拌调料汁，味道更佳。

让芝士美味发挥到极致的

三明治

材料

· 自己喜欢的芝士……适量
· 面包片……2 片（自己喜欢的厚度）
· 火腿或熏鲑鱼……5 片
· 生菜……1 片
· 黄油……适量
· 芥末酱……适量
· 粗粒黑胡椒……适量

制作方法

① 芝士切片。

② 在面包片上涂黄油。

③ 将芝士、火腿（熏鲑鱼）和生菜放在面包片上。

④ 涂上芥末酱，撒上粗粒黑胡椒，用另一片面包夹起来
做成三明治。

⑤ 用湿毛巾包好④，裹上保鲜膜，放入冰箱中静置 30
分钟。

⑥ 从冰箱中取出，切掉面包边。

让芝士美味发挥到极致的

意大利面

材料

- 自己喜欢的芝士……30g
- 洋葱……1/8 个（20g）
- 淡奶油……75mL
- 牛奶……25mL
- 鸡精（颗粒）……1 小勺
- 意大利面（干面条）……100g
- 粗粒黑胡椒……少许
- 橄榄油……少许

制作方法

① 选用硬质芝士时，请削成粉末。选用其他芝士时请切成薄片。

② 煮意大利面。

③ 将橄榄油倒入平底锅中，中火翻炒洋葱片。

④ 洋葱变软时，加入淡奶油、牛奶和芝士，改为小火。

⑤ 芝士熔化后，加入鸡精、盐和胡椒粉（分量外），调整口味。

⑥ 与煮好的意大利面放在一起，搅拌。

⑦ 装盘，撒上粗粒黑胡椒。

※ 如果⑤煮得太干，请用淡奶油和牛乳进行调整。
※ 使用白米饭代替意大利面，做出来的意式焗饭也很美味。

让芝士美味发挥到极致的

焗土豆

材料

- 自己喜欢的芝士……适量（建议大量使用）
- 洋葱……1/8 个（20g）
- 土豆……1/2 个
- 培根……20g
- 淡奶油……30mL
- 面包粉……适量

制作方法

① 将土豆整个煮沸，放凉后去皮。

② 将芝士和洋葱切小块，把培根切成易于食用的大小。

③ 把①的土豆切成小块。

④ 在平底锅中放色拉油（分量外），翻炒洋葱和培根。

⑤ 洋葱变软后，加入土豆和淡奶油，加入椒盐（分量外），
调整口味。

⑥ 盛进烤盘中，撒上芝士，然后再撒上面包粉。

⑦ 用烤面包机烤至表面焦黄。

尾声

……

小可，谢谢你。

……那么

这些，就是我能教给你的全部了。

候，一开始的时我也不知道能进行到什么程度。

传说的选择。

酒的芝士。适合葡萄

但是与这么多的芝士和谐共处，

真的是太愉快了。

258

那么，首先品尝一下这瓶传说的葡萄酒吧……

咽口水

嗯！

虽然不是自信满满……

决定啦！

但回忆一下之前遇到过的芝士们。

适合这款葡萄酒的芝士。

啪……

啊……

就是这个！

259

哈

我的房间

那天晚上我出门吃饭之前……

最后还想问你一个问题。

小可！

了，会怎么样？

如果我选错

260

如此一来，人类世界里对芝士和葡萄酒的记忆也会全部烟消云散。

芝士世界和葡萄酒世界就会灭亡……

那样的话……

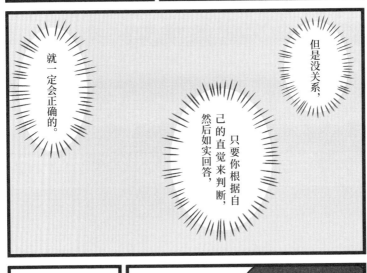

但是没关系，

只要你根据自己的直觉来判断，然后如实回答，

就一定会正确的。

哒

小可……

大家……

这位店员，

不是小可。

欢迎光临！

难道还是……

不行吗？

可是毕竟

也在那么深奥

的世界里如火如荼

地学习过……

……吧

……是吧

263

篇尾语

　　就算是对芝士略知一二，其实也不会有什么好事忽然发生。

　　经常有客人会向我咨询葡萄酒的事情，但在我的记忆里基本没有人问询过芝士的问题。

　　就算我主动提出"这款葡萄酒可以搭配这款芝士"，对方也往往会露出一脸不耐烦的表情。相反，很多次在我试图递过去一款稍有个性的芝士时，对方甚至捏着鼻子过来要求退货。虽然我自己完全不在意，随时都想享用味道浓烈的芝士，但有可能在不知不觉中遭到旁人的厌恶。就连我的家人都教训我说"不要把臭芝士放进冰箱里"！

　　我常常想，大家难道从没想过要试着接受新鲜事物吗？

对于我来说，在很长的一段时间里，芝士是比萨上面熔化成一摊的东西、是超市柜台中销售的塑料包装的东西。

但遇到了前所未见的个性芝士以后，感动之余也更新了自身的芝士观。这种更新并非一次两次，而是反复出现，最终让我体验到了从内心有所抗拒，到懂得如何面对和接受真正美好的世界的过程。

以前我以漫画形象不是自己的风格为由，一直拒绝观赏一些漫画。可初次观看过以后，才发现其实非常好看。面对那种优秀和美好，我深感自责。如果早点知道、早点观赏，想必自己的人生也会有所不同。

我觉得即使点滴小事，也可以因为"略知一二"或"知之甚详"的区别，而对往后余生产生很大的影响。

当了解到某种事物的好处以后，也有可能导致

"一叶蔽目，不见太山。"

日本芝士就是一个这样的例子。我从小就习惯吃芝士，因此对日本芝士产生了刻板印象，甚至曾坚信外国芝士肯定无法与日本芝士相提并论，那些外国芝士的口味肯定平淡无奇。

无论任何事物的研发，都需要经历反复尝试、反复失败的过程，然后从这种过程中研发出大家都会交口称赞的优质产品。

日本芝士也经历了这样的历史。从海外研修归来的日本匠人，生产出了许多日本特有的天然芝士。

有人会想，大多数国产芝士都符合日本人口味要求啊（虽然感受不到多少个性）！

但也正因为如此，我认为日本芝士多为"没有自我意识"的品类。

一块日本芝士放在那里，很单纯地散发出"我的味道绝对老少皆宜"的气质。或许，这也可以算作一种个性吧。如果您已经懂得了芝士的个性，那就应该可以领略到日本芝士的这一优点。

最后，我想再介绍几款自己特别喜爱的日本芝士，作为本书的结尾。对于已经阅读到了这里的读者，表达诚挚谢意。

▶ 牧场的太阳

日本千叶县夷隅市高秀牧场生产的半硬型芝士。从牛乳原料中摄取了充分的美味，无须任何多余的工艺。可以感受得到，这款农舍出品的芝士在每一道工序中都得到了精心对待。质地饱满，牛乳浓郁。 吃进嘴巴里时，脑袋里冒出的第一个念头就是"好吃的芝士还真是很好吃啊"。

▶ Garo

北海道七饭町的山田农场生产，以"无灭菌乳·100%山羊乳"为原材料的羊乳型芝士。即使身处日本，也能感受到充满异国情调的美味，可谓突破次元限制的奢华。在日本，能以无灭菌乳为原材料做成芝士这件事情本身，就尤为不易……所有购买了这款芝士的客人，都对它赞不绝口。

▶二世古空【Ku：】

日本北海道新雪谷町生产的蓝纹干酪，虽然属于水分含量少的青霉菌型芝士，但巧妙地实现了后味、香气、个性之间的平衡，可谓巧夺天工。这款芝士凭借一己之力完成了"完全融合"，美好的感受让人为之一振。宛如一款可以感知匠人精神的传统工艺品。

▶三良坂干酪 (Mirasaka Fromage)

日本广岛的三良坂生产，别具特色的白霉菌型芝士。乳牛在天然牧场自由放牧，产出味道鲜美而浓郁的牛乳。以这种牛乳为原材料做成芝士，然后放置在柏树叶当中熟成6周的时间。质地柔软，味道浓厚，口感细腻，乳香四溢。"果然是生活在这片富饶的土地上的乳牛产出来的牛乳啊"，心中不由得升起一阵感动。

【参考文献】

『チーズの教本 2019 〜「チーズプロフェッショナル」のための教科書〜』NPO法人 チーズプロフェッショナル協会：著（小学館）

『世界のチーズ図鑑』NPO法人 チーズプロフェッショナル協会：監修（マイナビ出版）

『楽ウマ！ チーズレシピ』梶田泉：著（宝島社）

『知っておいしい チーズ事典』本間るみ子：監修（実業之日本社）

『おいしいチーズの教科書』エイ出版社：編集（エイ出版社）

『チーズの悦楽十二ヵ月—ワインと共に』本間るみ子：著（集英社新書）

『図解 ワイン一年生』小久保尊：著／山田コロ：イラスト（サンクチュアリ出版）

在编写本书时，参考了以上图书中的内容。

在此表示由衷的感谢。

Original Japanese title: ZUKAI WINE ICHINENSEI NIJIKANME CHEESE NO JUGYOU

Copyright © 2020 Takeru Kokubo

Illustration copyright © 2020 Koro Yamada

Original Japanese edition published by Sanctuary Publishing Inc.

Simplified Chinese translation rights arranged with Sanctuary Publishing Inc.

through The English Agency (Japan) Ltd. and Shanghai To-Asia Culture Co., Ltd.

©2022 辽宁科学技术出版社

著作权合同登记号：第06-2021-18号。

版权所有·翻印必究

图书在版编目（CIP）数据

别说你懂葡萄酒：芝士的搭配 /（日）小久保尊著；（日）
山田五郎插图；王春梅译. — 沈阳：辽宁科学技术出版社，
2022.5

ISBN 978-7-5591-2419-7

Ⅰ．①别… Ⅱ．①小… ②山… ③王… Ⅲ．①葡萄
酒—基本知识 Ⅳ．① TS262.61

中国版本图书馆CIP数据核字（2022）第024967号

出版发行：辽宁科学技术出版社
　　　　　（地址：沈阳市和平区十一纬路 25 号　邮编：110003）
印　刷　者：辽宁新华印务有限公司
经　销　者：各地新华书店
幅面尺寸：128mm × 188mm
印　　张：8.5
字　　数：200 千字
出版时间：2022 年 5 月第 1 版
印刷时间：2022 年 5 月第 1 次印刷
责任编辑：康　倩
封面设计：袁　舒
责任校对：闻　洋

书　　号：ISBN 978-7-5591-2419-7
定　　价：48.00 元

编辑电话：024—23284367
邮购热线：024—23284502